高等职业教育新目录新专标电子与信息大

Java 编程实战教程

覃国蓉　主　编

范金坪　邢　茜　副主编

电子工业出版社·
Publishing House of Electronics Industry
北京·BEIJING

内 容 简 介

本书对接信息技术的相关岗位需求，主要满足高等职业教育信息技术类相关专业 Java 程序设计课程的教学需要，分为 Java 程序设计基础（学习 Java 基础）、Java 面向对象（学习 Java 面向对象）、Java 核心技术实战（实现多人聊天室系统）和 Java 实用场景开发（实用场景应用开发）四部分，并通过鸿蒙 App 开发、多人聊天室系统，以及发送邮件和短信、生成和识别二维码、识别车牌等具有代表性的实用案例项目来讲解 Java 程序设计基础、Java 面向对象、多线程、集合框架、I/O 流、网络编程、异常处理、GUI 等 Java 核心编程技术。

本书提供一系列实践场景，通过完成编程任务和分析代码，融入 Java 编程的概念和技术，帮助学生沉浸式地学习 Java 核心编程技术。小节根据需要设置【随堂测试】和【动手练习】环节，用于促进师生互动，提高教与学的效果。支持模块化教学，可以使教师根据学生基础和教学目标，选取相关单元进行教学，具有"活页式"教材的效果。

本书体系完整，内容实用，配套资源丰富，既可以作为高等职业教育信息技术类相关专业包括高职和本科学生的学习用书，也可以作为 Java 技术爱好者的自学参考用书。

图书在版编目（CIP）数据

Java 编程实战教程 / 覃国蓉主编. —北京：电子工业出版社，2023.12

ISBN 978-7-121-46900-8

Ⅰ. ①J… Ⅱ. ①覃… Ⅲ. ①JAVA 语言－程序设计－高等职业教育－教材 Ⅳ. ①TP312.8

中国国家版本馆 CIP 数据核字（2023）第 246289 号

责任编辑：贺志洪　　　　　　　特约编辑：田学清
印　　刷：三河市良远印务有限公司
装　　订：三河市良远印务有限公司
出版发行：电子工业出版社
　　　　　北京市海淀区万寿路 173 信箱　　　邮编　100036
开　　本：787×1092　　1/16　　印张：19.25　　字数：469 千字
版　　次：2023 年 12 月第 1 版
印　　次：2023 年 12 月第 1 次印刷
定　　价：59.00 元

凡所购买电子工业出版社图书有缺损问题，请向购买书店调换。若书店售缺，请与本社发行部联系，联系及邮购电话：(010) 88254888，88258888。

质量投诉请发邮件至 zlts@phei.com.cn，盗版侵权举报请发邮件至 dbqq@phei.com.cn。

本书咨询联系方式：(010) 88254609，hzh@phei.com.cn。

前　　言

　　本书从最初构思到定稿，旨在集编者二十年来 Java 编程技术教学及 Java 项目开发经验，为广大师生提供一本能够促进 Java 程序设计课程教学顺利开展、提高教学效果的好教材。

　　Java 语言简单易学、面向对象，具有可移植性、可扩展性、安全性和可靠性等特点，使其成为目前软件开发领域的主流语言之一。所以，高职信息技术类相关专业都会开设 Java 程序设计课程。本书按照专业的人才培养目标与岗位工作要求确定教材内容，选取经典的应用系统并及时引入最新的应用场景作为案例项目，设计了 4 个部分，满足不同专业、不同方向的 Java 程序设计课程的教学需求。

一、教材特色

　　（1）根据课程特点，融入思政元素。

　　本书将提高学生正确认识问题、分析问题和解决问题的能力作为贯穿整个教材的思政主线。提供一系列实践场景，通过完成编程任务和分析代码，帮助学生学习 Java 核心编程技术，培养学生的创新思维和实践能力。

　　单元 6～11 迭代完成经典的多人聊天室系统，培养学生精益求精的工匠精神。单元 13 的车牌识别系统，分别用惠普公司的文字识别开发接口和百度 AI 开放平台来完成，以激发学生的民族自豪感，以及科技报国的家国情怀和使命担当。

　　（2）"岗课赛证"融通，确定教材内容。

　　本书对接信息技术相关岗位（如 Java 程序员）的需求，根据编者多年使用 Java 完成横向课题和指导学生参赛（"中国软件杯"大学生软件设计大赛与蓝桥杯全国软件和信息技术专业人才大赛）的经验，确定教材内容。

　　将大厂招聘的题目进行改造，在引入技术厂商（Oracle Java）认证试题的基础上，设计适量的题目和练习，并将其分布在小节的【随堂测试】或【动手练习】环节中和多个单元的【阶段测试】环节中，及时检验教与学的效果，以便进行阶段考核。

　　（3）实现实用案例项目，助力沉浸式学习。

　　选取鸿蒙 App 开发、多人聊天室系统、发送邮件和短信、生成和识别二维码及识别车牌等具有代表性的实用案例项目，帮助学生沉浸式地学习 Java 核心编程技术。

　　（4）内容组织结构支持模块化教学。

　　本书分为 Java 程序设计基础（学习 Java 基础）、Java 面向对象（学习 Java 面向对象）、

Java 核心技术实战（实现多人聊天室系统）和 Java 实用场景开发（实用场景应用开发）四部分，可以使教师根据学生基础和教学目标，选取相关单元进行教学，具有"活页式"教材的效果。

（5）设置相关环节，增强教学互动。

本书通过在小节中设置【随堂测试】和【动手练习】环节来促进师生互动，提高教与学的效果。

二、教学建议

本书支持模块化教学，建议教师根据学生的基础和课程的教学目标，选取相关单元或相关章节进行教学。

课程的教学目标	建议选择单元或章节
Java 程序设计基础	单元 1～5
	单元 1～5 和单元 12～14 的某些部分（单元 13 和单元 14 中相对难度较大的摄像头抓拍识别和扫码识别部分可作为选学内容）
Java 面向对象	单元 1～5 和单元 6～11
	单元 1～5 和单元 6～11，以及单元 12～14 的某些部分（单元 13 和单元 14 中相对难度较大的摄像头抓拍识别和扫码识别部分可作为选学内容）
Java 核心技术实战	单元 6～11
	单元 6～11 和单元 12～14 的某些部分（单元 13 和单元 14 中相对难度较大的摄像头抓拍识别和扫码识别部分可作为选学内容）
Java 实用场景开发	单元 1～5 和单元 6～11，以及单元 12～14 的某些部分（单元 13 和单元 14 中相对难度较大的摄像头抓拍识别和扫码识别部分可作为选学内容）

基于课程的性质和本书的特点，教师可以在教学中通过翻转课堂的方式开展探究式学习，提高教与学的效果。学生在课前充分利用本书的在线学习资源和其他互联网资源开展自学，编写代码完成任务，并提交完成情况，以及遇到的难点和问题；教师在课堂中重现任务完成过程并分析代码，根据授课内容的重点，以及收集的难点和问题，在课堂中进行针对性的讲解，通过【随堂测试】和【动手练习】的充分互动来检查学生的掌握情况，以便课后布置新的任务。以此让学生在学习掌握 Java 编程核心技术的同时，培养学生的学习能力，以及正确认识问题、分析问题和解决问题的能力。

三、分工

本书由覃国蓉担任主编，范金坪、邢茜担任副主编。覃国蓉负责拟定大纲、开发案例项目和主要的编写工作。范金坪和邢茜负责操作视频、动画、教学课件、题库及其他教学资源的建设，以及教材的试用和教学反馈，并提出修改建议。

为了保证质量，本书特邀海南大学副校长及计算机学院院长、加拿大工程院院士、加拿大工程研究院院士、欧洲科学院院士、IEEE/IET 会士、国家海外高层次人才入选者、ACM 杰出科学家杨天若担任主审。

四、致谢

在本书的编写过程中，编者参阅了大量的著作和文献资料，在此向相关作者表示感谢。

由于编写时间和编者水平所限，书中难免存在疏漏之处，欢迎广大读者批评指正，以便我们不断修改和完善。

编　者

目　　录

第一部分　学习 Java 基础

单元 1　初识 Java 2

1.1　任务描述 2

1.2　了解什么是 Java 2

1.3　JDK 的下载和安装 3

　　1.3.1　区分 JVM、JRE 和 JDK 3

　　1.3.2　下载并安装 JDK 4

1.4　完成并分析第一个 Java 程序 7

　　1.4.1　完成第一个 Java 程序 7

　　1.4.2　Java 代码的基本格式 8

　　1.4.3　Java 注释 8

　　1.4.4　Java 程序入口方法 main() 9

1.5　IntelliJ IDEA 的安装和配置 10

　　1.5.1　了解什么是 IntelliJ IDEA 10

　　1.5.2　下载并安装 IDEA 11

　　1.5.3　在 IDEA 中配置全局 JDK 11

　　1.5.4　在 IDEA 中创建 Java 项目和 Java 类 13

单元 2　掌握 Java 编程基础 16

2.1　任务描述 16

2.2　在 IDEA 中完成一个可以交互的 Java 程序 16

2.3　Java 编程基础 17

　　2.3.1　类、对象、方法和实例变量的概念 17

　　2.3.2　方法的调用 18

　　2.3.3　数据类型、变量和标识符的使用 19

　　2.3.4　算术运算符和赋值运算符的使用 21

2.4　初识面向对象 24

　　2.4.1　构造方法 24

2.4.2 方法的重载 25

2.4.3 类的实例成员和静态成员 26

2.4.4 final 关键字 27

单元 3 掌握 Java 的流程控制和数组类型 29

3.1 任务描述 29

3.2 掌握 Java 的流程控制 29

3.2.1 关系运算符和逻辑运算符 29

3.2.2 if 判断 31

3.2.3 switch 多重选择 33

3.2.4 条件表达式 35

3.2.5 while 循环 35

3.2.6 do while 循环 37

3.2.7 for 循环 37

3.3 掌握 Java 的数组类型 38

3.3.1 数组变量的定义和初始化 38

3.3.2 查看数组的大小并访问数组中的元素 39

3.3.3 使用 for 循环遍历数组 40

3.3.4 使用 for each 循环遍历数组 41

3.3.5 多维数组 42

阶段测试：Java 编程基础测试 43

第二部分　学习 Java 面向对象

单元 4 开发一个简单的鸿蒙 App 50

4.1 任务描述 50

4.2 搭建鸿蒙开发环境 50

4.2.1 注册华为账号并开通华为云 50

4.2.2 登录华为开发者联盟官网完成实名认证 51

4.2.3 安装并配置鸿蒙开发环境 DevEco Studio 53

4.3 快速开发一个基于 Java 的鸿蒙 App 58

4.3.1 创建一个新的项目 58

4.3.2 启动模拟器运行程序 59

4.4 掌握 Java 面向对象的基础 62

4.4.1 认识鸿蒙 App 中 Java 的类和包 62

4.4.2 通过继承编写鸿蒙 App 的 Java 类 64

4.4.3 通过覆盖实现 App 自身的业务逻辑 66

4.4.4 掌握 super 和 this 关键字 66

单元 5　开发一个可以交互的鸿蒙 App 68

5.1 任务描述 68

5.2 在布局文件中添加一个单击按钮 69

5.3 添加 initiateUI()方法获得界面组件对象并初始化界面 70

5.3.1 在 MainAbilitySlice 类中添加数据成员 70

5.3.2 在 Java 中定义方法的语法 71

5.3.3 添加 initiateUI()方法 72

5.4 实现事件监听者接口处理交互 73

5.4.1 通过添加 addListener()方法来处理单击事件 73

5.4.2 事件监听者和接口 74

5.4.3 内部类和内部接口 75

5.4.4 类的继承关系和 Object 根类 76

5.5 在 AbilitySlice 类的 onStart()方法中调用方法初始化界面并添加事件监听者 76

5.5.1 在 onStart()方法中调用 initiateUI()方法和 addListener()方法 76

5.5.2 重新启动模拟器并运行程序 77

5.5.3 匿名内部类 78

5.6 掌握抽象类、接口和 Java 的单继承机制 79

阶段测试：Java 面向对象测试 80

第三部分　实现多人聊天室系统

单元 6　准备开发环境 88

6.1 任务描述 88

6.2 掌握 Maven 的基本使用方法 88

6.2.1 了解什么是 Maven 88

6.2.2 下载并安装 Maven 91

6.2.3 配置 Maven 的本地仓库位置和中央仓库镜像 93

6.2.4 mvn 命令的使用 94

6.2.5 在 IDEA 中配置全局 Maven 98

6.3　掌握 Git 的基本使用方法 99

　　6.3.1　了解什么是 Git 99

　　6.3.2　下载并安装 Git 100

　　6.3.3　Git 的 4 个区和 5 个状态 100

　　6.3.4　在本地对源代码进行基本的版本控制 101

　　6.3.5　通过远程版本库管理源代码的版本 105

　　6.3.6　在 IDEA 中配置全局 Git 110

阶段测试：使用 Maven 及 Git 测试 111

单元 7　连接客户端与服务器端 114

7.1　了解多人聊天室系统的需求和本单元任务 114

　　7.1.1　了解多人聊天室系统的需求 114

　　7.1.2　本单元任务描述及实现思路 115

7.2　编写聊天服务器的 ChatServer 类 116

　　7.2.1　创建 ChatServer 类 116

　　7.2.2　创建绑定到指定端口的 ServerSocket 对象 119

　　7.2.3　监听客户端连接请求 121

　　7.2.4　获得 socket 对象对应的输入流对象 122

　　7.2.5　通过调用对象流的 readObject()方法来接收客户端的输入 124

　　7.2.6　输出客户端进入聊天室的提示信息 125

　　7.2.7　向客户端发送欢迎信息 126

7.3　编写客户端的 ChatClient 类 128

7.4　联合测试 ChatServer 和 ChatClient 131

7.5　编写支持与多个客户端交互的 ChatChannel 类 133

　　7.5.1　线程的引入 133

　　7.5.2　编写 ChatChannel 类 137

7.6　将版本 1 代码托管到码云 139

　　7.6.1　在码云上添加一个远程仓库 139

　　7.6.2　在 IDEA 中创建本地仓库 140

　　7.6.3　在 IDEA 中将代码提交到本地仓库 140

　　7.6.4　在 IDEA 中建立本地仓库与远程仓库的关联 142

　　7.6.5　在 IDEA 中上传代码到码云 142

阶段测试：网络编程、I/O 流、异常及多线程测试 143

单元 8　让客户端可以不断收发消息 145

8.1　本单元的任务描述及实现思路 145

8.1.1　任务描述 145

8.1.2　实现思路 145

8.2　修改服务器端的 ChatChannel 类 147

8.2.1　使服务器端能不断接收并转发客户端发送的消息 147

8.2.2　抽取 ois、oos 和 name 局部变量为成员变量 148

8.2.3　抽取接收用户姓名并发送欢迎信息的代码到方法中 150

8.3　修改客户端的 ChatClient 类 153

8.3.1　抽取 socket、oos、ois、name 局部变量为 ChatClient 类的成员变量 153

8.3.2　在客户端添加处理接收消息的线程并启动 154

8.3.3　在客户端添加处理发送消息的线程并启动 156

8.3.4　抽取输入并发送姓名和接收欢迎信息的代码到方法中 157

8.4　联合测试并向码云提交一个新的版本 161

8.4.1　服务器端与客户端的联合测试 161

8.4.2　向码云提交一个新的版本 161

单元 9　实现群聊和私聊 164

9.1　任务描述 164

9.2　任务 1：群聊的实现 164

9.2.1　群聊的实现思路和集合的引入 164

9.2.2　增加一个用 static 修饰的 Map 类的 allMap 成员变量 166

9.2.3　定义一个群发消息给所有客户端的 sendToAll()方法 167

9.2.4　同步 allMap 和客户端的变化 167

9.2.5　增加在收到客户端消息时群发消息的代码 169

9.2.6　联合测试群聊 169

9.2.7　选择文件并提交到码云 170

9.3　任务 2：私聊的实现 172

9.3.1　私聊的实现思路和 String 的相关方法 172

9.3.2　定义发送私聊消息的 sendSecretMsg()方法 173

9.3.3　解析客户端发送的消息以区分私聊和群聊 173

9.3.4　联合测试私聊 175

9.3.5　选择文件并提交到码云 176

阶段测试：多线程、字符串、I/O 流、异常及集合类测试 178

单元 10 提高系统健壮性和用户体验 181

10.1 任务描述及实现思路 181

10.2 简单处理服务器端未启动：提示后直接退出 182

10.2.1 定位处理位置 182

10.2.2 在处理位置出现提示后直接退出 183

10.2.3 测试客户端并提交代码到码云 185

10.3 高级处理服务器端未启动：尝试不断连接服务器 186

10.3.1 在 ChatClient 中定义连接服务器的 connect()方法 186

10.3.2 通过调用 connect()方法来连接服务器 187

10.3.3 联合测试并提交到码云 188

10.4 简单处理聊天过程中服务器端宕机：提示后直接退出 189

10.4.1 定位处理位置 189

10.4.2 简单处理聊天过程中服务器端宕机 190

10.4.3 联合测试简单处理并提交代码到码云 193

10.5 高级处理聊天过程中服务器端宕机：尝试不断连接服务器 194

10.5.1 在 ChatClient 中定义重连方法 reconnect() 194

10.5.2 高级处理聊天过程中服务器端宕机 195

10.5.3 修改 sendNameAndRecvEcho()方法 198

10.5.4 联合测试高级处理并提交代码到码云 199

阶段测试：Java 程序设计测试 200

单元 11 图形用户界面的实现 204

11.1 任务描述及实现思路 204

11.2 实现界面的 ClientUI 类 206

11.2.1 将界面组件定义成界面 ClientUI 类的成员变量 206

11.2.2 定义搭建界面的 initiateUI()方法并在构造方法中调用 206

11.2.3 使 ClientUI 类成为事件监听者 209

11.2.4 定义添加事件监听者的 addListener()方法并在构造方法中调用 211

11.2.5 界面部分单独测试 214

11.3 完成一个具有图形界面的客户端类 215

11.3.1 删除 ChatClient 类中发送消息的线程代码 215

11.3.2 将 ClientUI 类定义成 ChatClient 类的内部类 215

11.3.3　改为从图形用户界面中输入姓名 216

11.3.4　在 ChatClient 类中定义 showMessage()方法 216

11.3.5　在 ChatClient 类中定义 send()方法 217

11.3.6　用 showMessage()方法替换 System.out.println()方法 218

11.4　联合测试并提交代码 223

11.4.1　联合测试 223

11.4.2　提交到码云 227

第四部分　实用场景应用开发

单元 12　实现发送邮件和发送短信 230

12.1　任务描述 230

12.2　任务 1：实现发送邮件 230

12.2.1　JavaMail 介绍 230

12.2.2　使用 JavaMail 发送邮件 231

12.2.3　将发送邮件的代码封装到工具类 MailUtil 中 234

12.3　任务 2：实现发送短信 238

12.3.1　阿里短信服务平台 API 介绍 238

12.3.2　使用阿里短信服务编写代码实现发送短信 239

单元 13　实现车牌识别系统 245

13.1　任务描述 245

13.2　文字识别开发接口 Tesseract OCR 和百度 AI 开放平台 246

13.2.1　文字识别开发接口 Tesseract OCR 和 Java 开发包 Tess4J 246

13.2.2　百度 AI 开放平台 OCR 服务 246

13.3　准备测试图片 246

13.4　使用 Tess4J 实现车牌识别 247

13.4.1　创建 Maven 项目 chepai 并添加相关依赖 247

13.4.2　准备中文字库 249

13.4.3　编码实现车牌识别 250

13.4.4　将车牌识别代码封装到方法中并测试 3 个车牌 252

13.5　使用百度 AI 开放平台实现车牌识别 255

13.5.1　编码前的准备 255

13.5.2　调用百度 API 接口实现车牌识别系统 256

13.5.3 使用 GsonFormatPlus 生成识别结果的实体类 Result 263

13.5.4 定义重载的车牌识别方法 267

13.5.5 使用 webcam-capture 增加摄像头抓拍车牌功能 270

单元 14 生成和识别二维码 275

14.1 任务描述 275

14.2 创建 Maven 项目、添加 ZXing 相关依赖并创建类 276

14.3 实现生成二维码图片 277

14.4 实现识别二维码 281

14.5 将编码和解码封装到工具类 QRCodeUtil 中 284

14.6 实现扫码识别二维码 287

14.6.1 搭建界面 287

14.6.2 增加一个参数为 BufferedImage 的识别二维码的方法 287

14.6.3 定义一个线程不断捕获图片 290

第一部分

学习 Java 基础

单元 *1* 初识 Java

学习目标

- 了解 Java 语言的特点。
- 掌握 Java 开发环境的搭建。
- 能够在命令提示符窗口或 IDEA 中用 Java 正确地编写和运行具有简单输出的程序。

1.1 任务描述

通过本单元的学习，读者可以对 Java 有一个初步认识，包括了解什么是 Java；掌握 Java 开发工具包 JDK 的下载和安装；完成并分析第一个 Java 程序，让读者沉浸式地学习 Java 代码的基本格式、Java 注释和 Java 程序入口方法 main()；掌握最流行的 Java 集成开发环境 Intellij IDEA 的安装和配置。

1.2 了解什么是 Java

Java 是由 Sun Microsystems 公司（已被 Oracle 收购）的 James Gosling（被誉为 Java 之父）开发的一种编程语言。最初被命名为 Oak，目标是针对小型家电设备的嵌入式应用，但在 1995 年 5 月以 Java 的名称正式发布。Java 具有简单易学、面向对象、可移植性、可扩展性、安全性和可靠性等特点，能够适应几乎任何类型的应用程序的开发，是开发 Android 应用程序和 Web 应用程序的首选语言。

Java 可运行于多个操作系统平台，如 Windows、macOS、Linux 和 UNIX 系统。由于用 Java 编写的应用程序不用修改就可以在不同的平台上运行，因此 Java 是跨平台的语言。

Java 是介于编译型和解释型之间的高级编程语言。为了让计算机能够运行 Java 编写的程序（Java 源程序），首先需要将 Java 源程序编译成字节码文件，然后由 Java 虚拟机（Java Virtual Machine，以下简称 JVM）加载字节码文件并解释执行。Java 开发团队为不同的操作系统编写了不同的虚拟机，加载字节码文件并运行。这样就帮助 Java 开发人员实现了"一次编写，到处运行"的跨平台效果。

SUN 公司将 Java 划分为 3 个技术平台，具体如下。

- Java SE（J2SE）：Java Standard Edition。标准版，包含标准的 JVM 和标准库。
- Java EE（J2EE）：Java Enterprise Edition。企业版，在 Java SE 的基础上添加了便于开发 Web 应用的 API 和库。
- Java ME（J2ME）：Java Micro Edition。针对嵌入式设备的 Java SE "瘦身版"。

2005 年 6 月，JavaOne 大会召开，此时 J2SE、J2EE 和 J2ME 已经更名为 Java SE、Java EE 和 Java ME。Java SE 是整个 Java 平台的核心，而 Java EE 是进一步学习 Web 应用所必需的。Spring 等框架是 Java EE 开源生态系统的一部分。不幸的是，Java ME 从来没有真正流行起来，反而是 Android 开发成了移动平台的标准之一。因此，如果没有特殊需求，本书不建议学习 Java ME。

随堂测试

1. Java 之父是（　　　　）。

　A. Oracle　　　　　　B. James Gosling　　　C. Bill Gates　　　　D. SUN

2. 下列关于 Java 的描述，错误的是（　　　　）。

　A. Java 最初是针对小型家电设备的嵌入式应用的

　B. Java 是编译型语言

　C. Java 最初的名字是 Oak

　D. Java 是应用广泛的编程语言

3. Java 语言跨平台，是因为 Java 的源程序首先被编译成字节码文件，然后字节码文件在 Java 虚拟机上运行，所以 Java 开发团队为不同的操作系统编写了不同的虚拟机，加载字节码文件并运行（　　　　）。（判断题）

4. 下列关于 Java 语言的描述中，错误的是（　　　　）。

　A. Java 语言是一门面向对象的编程语言

　B. Java 是一门与平台无关的编程语言

　C. Java 具有 Java SE、Java ME 和 Java EE 三大平台

　D. Java 是一门介于汇编和高级之间的语言

参考答案：1. B　2. B　3. √　4. D

1.3　JDK 的下载和安装

1.3.1　区分 JVM、JRE 和 JDK

JVM、JRE 和 JDK 之间的关系如图 1-1 所示。

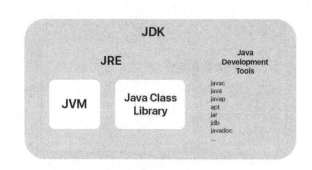

图 1-1　JVM、JRE 和 JDK 之间的关系

JDK（Java Development Kit，Java 开发工具包）：针对 Java 开发者，JDK 包含编写 Java 程序所必需的编译、运行等开发工具，以及 JRE。Java 开发工具主要有如下几个。

- 用于编译 Java 程序的 javac 命令，即 Java 编译工具。
- 用于启动 JVM 运行 Java 程序的 java 命令，即 Java 运行工具。
- 用于生成文档的 javadoc 命令，即 Java 文档生成工具。
- 用于打包的 jar 命令，即 Java 打包工具等。

JRE（Java Runtime Environment，Java 运行时环境）：针对 Java 用户，JRE 提供了运行 Java 应用程序所必需的软件环境，包含 JVM 和丰富的系统类库。

JVM（Java Virtual Machine，Java 虚拟机）是解释执行 Java 字节码文件的虚拟计算机，也是整个 Java 实现跨平台的最核心的部分。

只有 JVM 还不能运行 Java 程序，并且 JVM 在解释 Java 字节码时需要用到一些核心类库，这些核心类库就包含在 JRE 中。

如果要将 Java 源代码编译成 Java 字节码，则需要 JDK，这是因为 JDK 除了包含 JRE，还提供了编译、打包、文档生成等开发工具和 Java 基础的类库（Java API）。因此，学习 Java 编程的第一步就是安装 JDK。

1.3.2　下载并安装 JDK

第一步：下载并安装 JDK，新建表示 JDK 安装路径的 JAVA_HOME 环境变量。

下载并安装 JDK 的操作很简单，在 Oracle 官网中下载 JDK 之后（建议 1.8 版本或 Java 8，Oracle 网站经常变化，目前可以通过 https://www.oracle.com/java/technologies/downloads/#java8 链接找到 Java 8 的下载链接），单击相应安装文件，按提示安装即可。安装完成后，会在硬盘上生成一个目录，这个目录就是 JDK 的安装路径（目录）。安装目录下有一些重要的子目录和文件，如图 1-2 所示。

不同版本有些细微差异，但都包含如下重要的子目录。

- bin：存放可执行文件，如 Java 编译器 javac.exe、Java 运行工具 java.exe、打包工具 jar.exe 和文档生成工具 javadoc.exe 等。
- lib：Java 类库。

- jre：Java 运行时环境。
- include：包含一些 C 语言的头文件，Java 在调用本地接口时需要用到它们。

新建 JAVA_HOME 环境变量，将其值设为 JDK 安装路径。具体操作如下。

在桌面上右击"计算机"图标（或者打开文件资源管理器，在左侧的快速访问栏中找到"此电脑"并右击），在弹出的快捷菜单中选择"属性"选项，单击"高级系统设置"文字链接，在弹出的"系统属性"对话框中选择"高级"选项卡，单击"环境变量"按钮，弹出"环境变量"对话框。

在"环境变量"对话框中，单击用户变量的"新建"按钮，添加一个名为"JAVA_HOME"的环境变量，将其值设置为 JDK 的安装路径，如图 1-3 所示。这里假设 JDK 安装路径（文件夹）是 C:\Program Files (x86)\Java\jdk1.8.0_261（你需要设置成的 JDK 安装路径）。

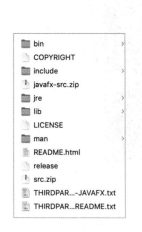

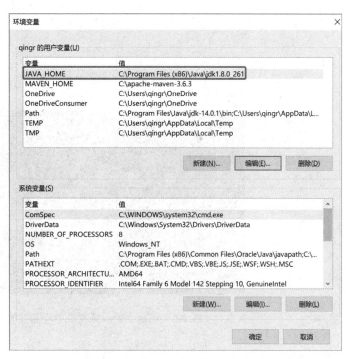

图 1-2 JDK 目录结构　　　　　图 1-3 配置完成的 JAVA_HOME 环境变量

第二步：在 Path 环境变量中添加"%JAVA_HOME%\bin"。

在 Path 环境变量中添加"%JAVA_HOME%\bin"，并单击"Move Up"（上移）按钮将其移到最前面，如图 1-4 所示。如果是 Windows 10 之前的系统，则在最前面添加"%JAVA_HOME%\bin;"（注意：后面的英文符号";"不能省略）。

第三步：验证 Java 安装。

打开"运行"对话框，输入"cmd"，单击"确定"按钮，打开命令提示符窗口，输入命令"java -version"，如果出现如图 1-5 所示的结果，则表示安装成功。

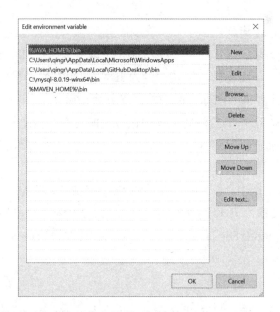

图 1-4　在 Path 环境变量中添加"%JAVA_HOME%\bin"

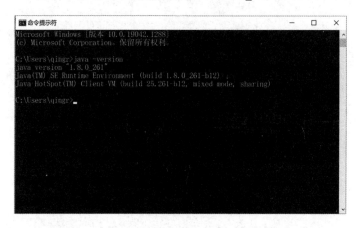

图 1-5　在命令提示符窗口中验证 JDK 安装成功

随堂测试

1. 在命令提示符窗口中执行（　　）命令可以测试 Java 是否安装成功。
   A. java-version　　　　B. jvm-version　　　　C. java-v　　　　D. jvm-v
2. 下列选项中，（　　）用于构成 JDK。（多选）
   A. Java 运行工具　　　　　　　　B. Java 编译工具
   C. Java 打包工具　　　　　　　　D. Java 文档生成工具
3. Java 跨平台是由（　　）保证的。
   A. JVM　　　　　　B. JRE　　　　　　C. JDK　　　　　　D. Java SE

参考答案：1. A　2. ABCD　3. A

动手练习

下载并安装 JDK。

1.4　完成并分析第一个 Java 程序

1.4.1　完成第一个 Java 程序

第一步：使用文本编辑器输入 Java 程序。

编写一个简单的 Java 程序，在屏幕上输出"Hello, world!"。打开文本编辑器，输入以下代码。

```java
public class Hello {
    public static void main(String[] args) {
        System.out.println("Hello,world!");
    }
}
```

上面的代码是通过定义一个 Hello 类，并在这个类中写入 main()方法来实现的。main()方法中其实只有一行语句，具体如下。

```java
System.out.println("Hello,world!");
```

该方法用来将字符串"Hello, world!"打印到屏幕上。需要注意的是，Java 的语句以英文分号";"为结束符。每个 Java 程序的执行都是从 public static void main(String[] args)开始的，因此 main()方法也被称为入口方法。

这里将 Java 程序代码保存成名为"Hello.java"的文件。

第二步：编译 Java 源程序。

在 Hello.java 文件夹下执行 javac Hello.java 命令，代码如下。

```
$ javac Hello.java
```

如果源代码无误，上述命令不会有任何输出，而当前文件夹下会生成一个 Hello.class 文件。

```
$ ls
Hello.class Hello.java
```

第三步：执行 Java 程序。

通过 java Hello 命令来执行 Hello.class 文件，从而输出"Hello, world!"。

```
$ java Hello
Hello,world!
```

需要注意的是，java Hello 命令中的 Hello 表示类名不能写错，并且不用输入后缀".class"。

动手练习

完成第一个 Java 程序，并输出"您好，我是 XXX"，其中 XXX 是你的姓名。

1.4.2　Java 代码的基本格式

Java 是面向对象的程序设计语言，编写 Java 程序就是编写一个个 Java 类。

在编写 Java 程序时，应该注意以下几点。

- 大小写敏感：也就是说，Hello 与 hello 是不同的。
- 源文件名：必须与类名相同。保存文件时，必须使用类名（大小写都必须一致）作为文件名，且文件名的后缀是.java，如上面类名为 Hello，因此该源文件名必须是 Hello.java。
- 类名：建议类名的首字母大写。如果类名由若干单词组成，则建议每个单词的首字母都大写，如 HelloWorld。
- 方法名：建议首字母小写。如果方法名由若干单词组成，则建议后面的每个单词的首字母都大写，如 showName()。

随堂测试

下列关于 Java 的描述，错误的是（　　　　）。

A.　方法名建议以小写字母开头　　　　B.　类名建议首字母大写

C.　标识符 Java 和 java 是不同的　　　　D.　源文件名可以和类名不同

参考答案：D

1.4.3　Java 注释

在 Java 代码中增加注释，虽然注释不会被执行，但是可以提高代码的可读性。Java 支持单行注释、多行注释和文档注释，具体如下。

- 单行注释：以"//"开始，直到行尾结束。
- 多行注释：以"/*"开始，以"*/"结束，中间都是注释内容。
- 文档注释：出现在类的前面，以"/**"开始，以"*/"结束，中间都是关于类、变量和方法的主要描述。文档生成工具 javadoc.exe 可以基于文档注释生成文档。

下面的 Java 程序和前面的 Java 程序的执行结果完全相同。这是因为多了的内容都是注释，不会被执行。

```
/**
 * 用来自动创建文档的注释
 */
public class Hello {
    public static void main(String[] args) {
```

```
        // 向屏幕输出文本
        System.out.println("Hello,world!");
        /* 多行注释开始
        注释内容
        多行注释结束 */
    }
} // class 定义结束
```

随堂测试

1. 下列选项中，（　　）是 Java 注释的正确格式。（多选）

　　A．/* This is a comment */　　　　　　B．// This is a comment

　　C．# This is a comment　　　　　　　　D．@ This is a comment

2. 下列选项中，（　　）是 Java 单行注释的符号。

　　A．\　　　　　　B．//　　　　　　C．/　　　　　　D．\\

参考答案：1．AB　2．B

1.4.4　Java 程序入口方法 main()

Java 程序的入口方法必须满足如下条件。

- 方法名必须为 main。
- main()方法前面必须有 public static void 修饰。其中，public 表示该方法是公开的，在类的外部可以被调用；static 表示方法是静态的，只要类的字节码被加载，就可以调用并执行该类；void 表示该方法没有返回值。方法类似于函数，并且在通常情况下，方法都会有一个返回值，但是如果前面有 void 修饰，则表示不需要返回值，只需执行完方法的代码即可。
- 方法的参数的数据类型必须是 String[]，即字符串数组。其中，String 表示字符串，[]表示数组。字符串是指用双引号括起来的一串字符，如"Hello, world!"。方法的参数名可以由程序员定义，这里即使把 args 改为 s，程序也会正常执行。

方法是语句的集合，除了 main()方法，一个 Java 类中还可以通过定义其他方法来执行所需的任务。这些自定义方法的方法名、参数名可以由程序员自行定义，参数的数据类型和方法名前面出现的修饰符也可以根据需要选择。下面是一个例子：

```
public class Hello {
    static void sayHello(){
        System.out.println("Hello,world!");
    }
    public static void main(String[] args) {
        sayHello();
    }
}
```

在上面的例子中，定义了一个名为"sayHello"的方法，输出字符串"Hello, world!"，并在 main()方法中调用。执行 main()方法将得到和前面相同的结果，即输出"Hello, world!"。

[随堂测试]

1. main()方法是 Java 程序执行的入口点，下列关于 main()方法的方法头哪个选项是合法的？（　　）。

    A. public static void main()

    B. public static void main(String[ ] s)

    C. public static int main(String[ ] args)

    D. public void main(String arg[])

2. 下列选项中，正确的是（　　）。（多选）

    A. 执行 HelloWorld.java 文件的命令是 java HelloWorld.java

    B. 编译 HelloWorld.java 文件的命令是 javac HelloWorld

    C. Java 源程序编译成功后会生成字节码文件

    D. Java 源程序编译成功后会生成.class 文件

3. 下列选项中，正确的是（　　）。（多选）

    A. Java 程序的 main()方法必须写在类里面

    B. Java 程序中类名必须与文件名一样

    C. 在 Java 程序中，必须有 main()方法

    D. 在一个 Java 类中可以定义其他方法，其中方法名、参数名可以由程序员自行定义，参数的数据类型和方法名前面出现的修饰符也可以根据需要选择

参考答案：1. B　2. CD　3. AD

1.5　IntelliJ IDEA 的安装和配置

1.5.1　了解什么是 IntelliJ IDEA

IntelliJ IDEA（以下简称 IDEA）是一个功能强大的集成开发环境（IDE），用来编写、调试和编译 Java 程序代码。它提供了一系列的开发工具，可以帮助开发者更快、更高效地完成程序开发。在业界它被公认是最好的 Java 开发工具，为 Java 程序员带来巨大的开发便利，主要表现在智能代码助手、代码自动提示、重构、Java EE 支持、强大的插件功能支持等方面，特别是对项目管理工具 Maven 和版本管理工具 Git 的支持，简直让程序员爱不释手。所以，我们选择将 IDEA 作为本书的编程环境。

[随堂测试]

IntelliJ IDEA 是（　　）。

    A. 一门编程语言　　　　　　　　　　B. 一个集成开发环境

  C. 一个操作系统   D. 一个数据库

参考答案：B

1.5.2 下载并安装 IDEA

  IDEA 的下载和安装都非常简单，登录 https://www.jetbrains.com/进入官网，找到下载界面，选择相应版本进行下载。下载完成后，双击下载包，按照安装提示进行操作，即可完成安装。

  对于每一个 IDEA 的项目（Project）来说，下面的子项目都被称为模块，且每个子模块都可以使用独立的 JDK 配置。每一个子模块之间可以相互关联，也可以没有任何关联。

  IDEA 安装完成后，需要先对其进行配置，使开发时更加便利顺手。需要注意的是，IDEA 有全局配置和当前项目配置两种设置，其中全局配置是所有项目都共享的配置，而当前项目配置则是当前项目独有的。新建的项目可以共享全局配置。

  全局配置可以通过打开 IDEA，单击欢迎界面右下角的"Configure"下拉按钮，在下拉列表中选择"Structure for New Projects"选项进行设置，也可以在打开某个项目后，选择"File"→"New Projects Settings"选项进行设置。

  当前项目配置则在 IDEA 中打开项目，选择左上角的"File"→"Settings"选项，大部分的项目配置都在该子菜单下。

随堂测试

  下列关于 IDEA 的描述，错误的是（ ）。

  A. 对于每一个 IDEA 的项目（Project）来说，下面的子项目都被称为模块

  B. 模块就是项目

  C. IDEA 有全局配置和当前项目配置两种设置

  D. IDEA 全局配置是所有项目都共享的配置，当前项目配置则是当前项目独有的配置

  参考答案：B

动手练习

  下载并安装 IDEA。

1.5.3 在 IDEA 中配置全局 JDK

  IDEA 默认使用自带的 JDK，我们可以通过如下配置改为使用自己安装的 JDK。

  打开 IDEA，单击欢迎界面右下角的"Configure"下拉按钮，在下拉列表中选择"Structure for New Projects"选项，如图 1-6 所示。

  在打开的"Project Structure for New Projects"界面中，可以选择已经安装的 JDK（这里在环境中已经安装了 1.8 java version "1.8.0_261" 和 14 java version "14.0.1"），也可以重

新下载其他 JDK，如图 1-7 所示。这里直接选择已经安装的 1.8 java version "1.8.0_261"，单击"OK"按钮，即可将全局 JDK 设置为 1.8 java version "1.8.0_261"。

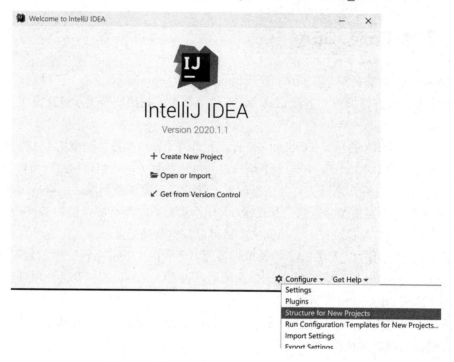

图 1-6　选择"Structure for New Projects"选项

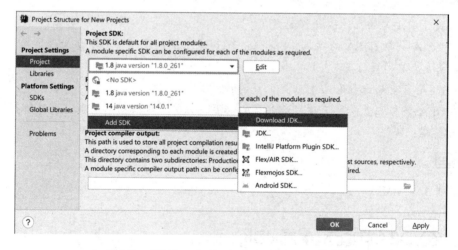

图 1-7　"Project Structure for New Projects"界面

随堂测试

　　下列关于 IDEA 的描述，错误的是（　　）。

　　A. IDEA 的全称为 IntelliJ IDEA，是 Java 编程语言的集成开发环境

B. IDEA 具备强大的插件功能支持，特别是对 Git 和 Maven 的支持

C. 打开 IDEA，依次选择"File"→"Settings"选项可以进行全局配置

D. 打开 IDEA，单击欢迎界面右下角的"Configure"下拉按钮，在下拉列表中选择"Structure for New Projects"选项也可以进行全局配置

参考答案：C

动手练习

在 IDEA 中配置全局 JDK。

1.5.4　在 IDEA 中创建 Java 项目和 Java 类

IDEA 是以项目为单位管理代码的，所以需要先创建项目，再创建类。

打开 IDEA，在欢迎界面中选择"Create New Project"选项，在弹出的"New Project"对话框中选择"Java"选项，并选择对应的 JDK 版本，单击"Next"按钮，如图 1-8 所示。如图 1-9 所示，首先取消勾选"Create project from template"复选框，并单击"Next"按钮；然后将"Project name"设置为"javabasic"，并通过单击"Project location"（项目位置）右侧的 ⋯ 按钮来设置项目存放的位置，单击"Finish"按钮，即可完成 javabasic 项目的创建。

在"Project"列表框中，右击"src"文件夹，在弹出的快捷菜单中依次选择"New"→"Java Class"选项，如图 1-10 所示。在弹出的对话框中，输入类名"Hello"。

图 1-8　选择创建 Java 项目和 JDK 版本

图 1-8　选择创建 Java 项目和 JDK 版本（续）

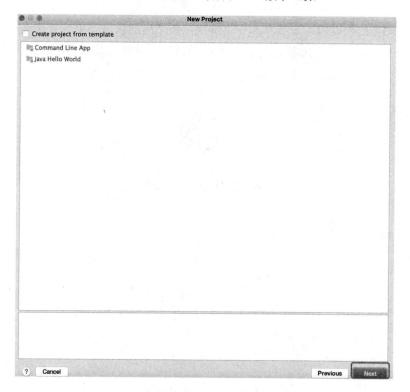

图 1-9　创建 javabasic 项目

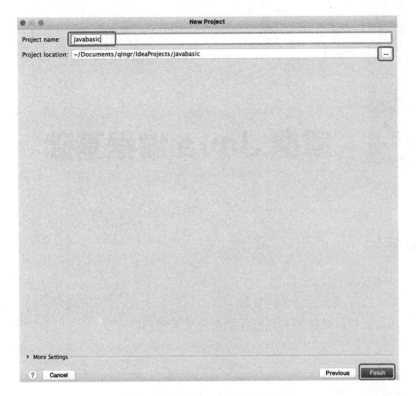

图 1-9　创建 javabasic 项目（续）

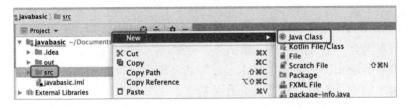

图 1-10　选择"Java Class"选项

动手练习

在 IDEA 中完成 Hello 类的代码编写，使其能输出"您好，我是XXX"，其中"XXX"是你的姓名。

单元 2　掌握 Java 编程基础

学习目标

- 掌握 Java 基础语法。
- 初步了解 Java 面向对象的相关概念。
- 能够用 Java 正确地编写和运行在控制台交互的程序。

2.1　任务描述

本单元通过完成和分析一个可以交互的 Java 程序，让读者沉浸式地学习 Java 编程基础，并对面向对象有一个初步认识，包括类、对象、方法和实例变量的概念，方法的调用，数据类型、变量和标识符的使用，算术运算符和逻辑运算符的使用，以及构造方法、方法的重载、类的实例成员和静态成员、final 关键字。

2.2　在 IDEA 中完成一个可以交互的 Java 程序

完成这样一个 Java 程序：首先，提示"请输入姓名："；然后，在用户输入姓名后，提示"请输入年龄："；最后，在用户输入年龄后，将输出"欢迎你，XXX！你明年 YYY 岁。"。其中，XXX 和 YYY 是输入的姓名和输入的年龄+1。

在 IDEA 中，创建 InputAndOutput 类，添加 main()方法，并输入相关代码。最终代码如下。

```
import java.util.Scanner;

public class InputAndOutput {
    public static void main(String[] args) {
        //生成一个 Scanner 对象，并保存到 scanner 变量中
```

```
        Scanner scanner= new Scanner(System.in);
        System.out.println("请输入姓名: ");
        //调用scanner变量的nextLine()方法,输入一行字符串并将结果保存到name变量中
        String name = scanner.nextLine();
        System.out.println("请输入年龄: ");
        //调用scanner变量的nextInt()方法,输入一个整数并将结果保存到age变量中
        int age = scanner.nextInt();
        age=age+1;
        //输出
        System.out.println("欢迎你,"+name+"! 你明年"+age+"岁。");
    }
}
```

右击上面代码,在弹出的快捷菜单中选择"Run 'InputAndOutput.main()'"选项,将执行该程序的 main()方法,在用户输入姓名"张三"和年龄"18"后,输出"欢迎你,张三!你明年 19 岁。",如图 2-1 所示。

图 2-1　在 IDEA 中运行 Java 程序

动手练习

在 IDEA 中完成一个可以交互的 Java 程序,按照提示进行输入,并对接收的输入内容进行输出显示。

2.3　Java 编程基础

2.3.1　类、对象、方法和实例变量的概念

一个 Java 程序可以认为是一系列对象的集合,并且这些对象通过调用彼此的方法来协同工作。下面简要介绍类、对象、方法和实例变量的概念。

1. 类

类是一个模板，用来描述一类对象的行为和状态。在 2.2 节的代码中，定义了一个 InputAndOutput 类，在 main()方法中用到了 System、Scanner 和 String 类。

2. 对象

对象是类的一个实例，分为状态和行为两种。例如，一条狗是一个对象，则其状态包括颜色、名字、品种等；行为包括摇尾巴、叫、吃等。具体到 2.2 节的代码中，name 变量和 scanner 变量就分别保存了 String 类的对象和 Scanner 类的对象。

3. 方法

Java 方法是语句的集合，可以一起执行一个功能。方法就是行为。在 2.2 节的代码中，调用了 scanner 变量的 nextLine()方法和 nextInt()方法，以及 System.out 的 println()方法。

4. 实例变量

每个对象都有独特的实例变量，这是因为对象的状态由这些实例变量的值决定，所以实例变量也被称为对象的属性。

随堂测试

1. 下列哪个是 Java 类的正确定义？（   ）
   A. 一组相关的变量和函数　　　　　　　B. 一组相关的变量和方法
   C. 一组相关的函数和方法　　　　　　　D. 一组相关的函数和变量
2. 下列哪个是 Java 对象的正确定义？（   ）
   A. 一组相关的变量和函数　　　　　　　B. 一组相关的变量和方法
   C. 一组相关的函数和方法　　　　　　　D. 一个具体的实例
3. 下列哪个是 Java 方法的正确定义？（   ）
   A. 一组相关的变量和函数　　　　　　　B. 一组相关的变量和方法
   C. 一个具体的实例　　　　　　　　　　D. 一组语句，用于完成特定任务
4. 下列哪个是 Java 实例变量的正确定义？（   ）
   A. 一组相关的变量和函数
   B. 一组相关的变量和方法
   C. 一个具体的实例
   D. 一个类中的变量，用于存储实例特有的信息

参考答案：1. B　2. D　3. D　4. D

2.3.2　方法的调用

分析 InputAndOutput 类的代码，输出都使用 System.out.println()，那么 System.out.println()

是什么呢？

- println()是一个方法。
- System 是系统类。
- out 是 System 类的一个静态成员，后面会具体介绍静态成员。

System.out 是指标准输出流对象，默认从控制台输出。System.out.println()是指调用标准输出流对象的 println()方法，用来实现在控制台上的输出。输出的内容由传递给方法的参数决定。代码中对该方法调用了 3 次，参数分别是"请输入姓名："、"请输入年龄："和"欢迎你，"+name+"！你今年"+age+"岁。"，并且这 3 个参数的数据类型都是 String（字符串）。由双引号括起来的内容就是字符串。

```
System.out.println("请输入姓名：");
System.out.println("请输入年龄：");
System.out.println("欢迎你，"+name+"！你明年"+age+"岁。");
```

调用方法时给方法传递的参数（也被称为实参）必须与方法定义时的参数（也被称为形参）的数据类型一致，否则会提示出错，使源代码无法编译成字节码文件。

随堂测试

下列关于 System.out 的描述，错误的是（　　　）。

A. 代表标准输出流对象

B. 是 PrintStream 的对象

C. 是 System 类的一个实例字段（数据成员）

D. 是控制台输出对象

参考答案：C

动手练习

编写代码，在 main()方法中通过调用 System.out.println()来输出你的姓名。

2.3.3　数据类型、变量和标识符的使用

1. 数据类型

```
String name = scanner.nextLine();
int age = scanner.nextInt();
```

上面的两条语句分别定义了 name 和 age 两个变量。name 和 age 是变量的名称，其数据类型分别是 String（字符串）和 int（整型）。

变量是内存中装载数据的小盒子，用来存数据和取数据。

在 Java 编程语言中，所有的变量在使用前必须声明。声明变量的基本格式如下。

```
type identifier [ = value][, identifier [= value] ...] ;
```

格式说明：type 为 Java 数据类型。identifier 为变量名，可以使用逗号隔开来声明多个

同类型变量。这里的"="不是等号，而是赋值的意思，就是给 identifier 变量赋予 value 这个值。赋值时要注意变量的数据类型和值的数据类型一致。

数据类型分为基本数据类型和引用类型。基本数据类型是 CPU 可以直接进行运算的类型。Java 定义了以下四大类共 8 种基本数据类型。

- 整数类型：包括 byte、short、int、long 四种基本数据类型，可以用来存储整数，但是长度不同，分别占用 1 字节、2 字节、4 字节、8 字节，即表示的数值范围不同。如果给出一个整数 128，则系统默认是 int 数据类型。
- 浮点数类型：包括 float、double，用来表示数学中的小数，分别占用 4 字节和 8 字节。如果给出一个浮点数 2.5，则系统默认是 double 数据类型。而 float 数据类型的变量赋值，必须使用后缀 f，即 float x=0.0f。
- 字符型：char，占用 2 字节。'a'和'A'是 2 个不同的字符。其实字符在计算机中存储的是其编码，即'a'存储的是 97，'A'存储的是 65。如果定义一个变量 char c='A'，虽然在内存中保存的是 65，但是在输出时，其 char 数据类型就发挥作用了，即自动转为字符'A'输出。
- 布尔型：boolean，只有 false 和 true 两个值。

引用类型就是类，包括程序员自己开发的类、Java API 中定义的类，以及其他第三方开发的类。Java API 中定义了很多实用的类，如 String（字符串），用户可以直接使用。

整型、实型（常量）、字符型数据可以混合运算。运算中，不同类型的数据先转化为同一类型，再进行运算。从低级到高级可以自动进行转换：byte、short、char→int→long→float→double。反之，必须使用强制类型转换，格式为"(type)value"，其中 type 是要强制类型转换后的数据类型。在进行类型转换时，需要注意以下几点。

（1）不能对 boolean 数据类型进行类型转换。

（2）强制类型转换必须保证转换前、后的数据类型是兼容的。

2. 变量

Java 语言支持的变量类型包括以下几种。

- 类变量：也被称为静态变量，独立于方法之外的变量，用 static 修饰。
- 实例变量：独立于方法之外的变量，不过没有 static 修饰。
- 局部变量：类的方法中的变量。局部变量在使用前必须先进行初始化（就是赋予一个初始值），只有在初始化时才被创建。

3. 标识符

变量名、参数名、方法名、类名，以及后面要讲到的接口名和包名这些可以由程序员自己命名的在 Java 中都被称为标识符。标识符必须遵循以下语法规则，否则会出错。

（1）由英文字母、数字、下画线"_"和美元符号"$"组成。

（2）不能以数字开头。

（3）不能是 Java 的关键字。关键字是编程语言中事先定义好并赋予了特殊含义的单词。如 class、public 等。

随堂测试

1. 下列关于变量及其范围的描述，错误的是（　　　）。
   A. 实例变量是类的成员变量
   B. 实例变量用 static 关键字声明
   C. 局部变量在该变量进行声明并赋值时创建
   D. 局部变量在使用前必须先进行初始化
2. 下列属于 Java 合法标识符的是（　　　）。
   A. final　　　　　　B. 1var1　　　　　　C. _var2　　　　　　D. var3&
3. 下列可以作为 Java 语言标识符的是（　　　）。（多选）
   A. a1　　　　　　B. $1　　　　　　C. _1　　　　　　D. 11
4. 下列哪些是 Java 中的浮点数类型？（　　　）（多选）
   A. float　　　　　　B. double　　　　　　C. int　　　　　　D. boolean

参考答案：1. B　2. C　3. ABC　4. AB

2.3.4　算术运算符和赋值运算符的使用

```
age=age+1;
System.out.println("欢迎你，"+name+"！你明年"+age+"岁。");
```

上面的 2 条语句都用到了"+"运算符。但需要注意的是，如果 2 个操作数都是数值，那么"+"就是算术加法运算符；如果有 1 个操作数是字符串，那么"+"运算符就是字符串连接运算符。所以"age=age+1;"语句中的"+"是算术加法运算符，而"System.out.println ("欢迎你，"+name+"！你今年"+age+"岁。");"语句参数部分的 4 个"+"都是字符串连接运算符。字符串进行连接运算时，会将变量的值取出来，并参与连接。由于 name 变量保存了输入的姓名，值为"张三"，而 age 变量保存了输入的年龄，值开始为 18，经过加 1 运算后变为 19，因此连接后得到的字符串是"欢迎你，张三！你明年 19 岁。"。

算术运算符用在算术表达式中，主要用来进行基本的算术运算，如加、减、乘、除等。算术运算符主要有以下几个。

- +（加法）：相加运算符两侧的值。例如，3+2，结果是 5。
- –（减法）：左操作数减去右操作数。例如，3-2，结果是 1。
- *（乘法）：相乘运算符两侧的值。例如，3*2，结果是 6。
- /（除法）：左操作数除以右操作数。需要注意的是，如果两个操作数都是整型，则结果取整。例如，3/2，结果是 1；3.0/2，结果是 1.5。
- %（取模）：左操作数除以右操作数的余数。例如，3%2，结果是 1。
- ++（自增）：操作数的值增加 1。需要注意的是，"++"既可以出现在操作数前，也可以出现在操作数后，但结果是不同的。如果"++"出现在前，则被称为前缀自增运算符，此时先进行自增运算，再进行表达式运算；如果"++"出现在后，则被称为后缀自增运算符，此时先进行表达式运算，再进行自增运算。例如，int B=2，则 ++B 这个表达式的值是 3，而 B++这个表达式的值则是 2，不过这 2 个运算执行完后，B 的值都实现了自增，即都为 3。

- --（自减）：操作数的值减少 1。它和 "++" 类似。

还需要注意的是，"age=age+1;" 语句中的 "=" 不是相等的意思，而是赋值运算符。赋值运算符的作用是将常量、变量或表达式的值赋给某一个变量，即将右边表达式的结果赋值给左边的变量。例如，"int a=2,b=3;" 语句的执行结果是 a 的值为 2，b 的值为 3。"age=age+1;" 语句表示取出 age 原来的值增加 1 再赋值给 age，实现了让 age 的值增加 1。除了 "="，还有其他的特殊的赋值运算符，如 "+="、"-="、"*="、"/=" 和 "%=" 等。以 "+=" 为例，age+=1 就相当于 age=age+1，即先进行加法运算 age+1，再将结果赋值给 age。"-="、"*="、"/=" 和 "%=" 赋值运算符都以此类推。

所以，下面这 4 条语句都可以实现将 age 的值增加 1。

```
age=age+1;
age+=1;
age++;
++age;
```

Java 常用的运算符除了算术运算符和赋值运算符，还有比较运算符、逻辑运算符、位运算符、条件运算符、小括号 "（）"、中括号 "[]"、点等，后面会逐渐学习到。当一个表达式有多个运算符时，要考虑运算符的优先级。Java 语言中运算符的优先级共分为 14 级，其中 1 级最高，14 级最低。在同一个表达式中运算符优先级高的先执行。Java 运算符的优先级如表 2-1 所示。

表 2-1　Java 运算符的优先级

优先级	运算符	简介
1	[]、.、()	方法调用，属性获取
2	!、~、++、--	一元运算符
3	*、/、%	乘、除、取模（余数）
4	+、-	加、减法
5	<<、>>、>>>	左位移、右位移、无符号右移
6	<、<=、>、>=、instanceof	小于、小于或等于、大于、大于或等于，以及判断对象类型是否属于同类型
7	==、!=	判断 2 个值是否相等、判断 2 个值是否不等
8	&	按位与
9	^	按位异或
10	|	按位或
11	&&	短路与
12	||	短路或
13	?:	条件运算符
14	=、+=、-=、*=、/=、%=、&=、|=、^=、<、<=、>、>=、>>=	混合赋值运算符

以下代码得到的结果是一样的。

```
age=age+1;
System.out.println("欢迎你, "+name+"! 你明年"+age+"岁。");
```

和

```
System.out.println("欢迎你, "+name+"! 你明年"+(++age)+"岁。");//括号不能省
```

其中，推荐后一个写法，不仅可读性好，而且代码简洁。

随堂测试

1. 编写代码，在 main() 方法中设置 age 的值为 18，并输出"你今年 XXX 岁，去年 YYY 岁。"，要求 XXX 和 YYY 从 age 中获得或生成。

2. 下面程序的运行结果是（　　　　）。

```
public class Increment
{
    public static void main(String args[])
    {
        int a;
        a = 6;
        System.out.print(a);
        System.out.print(a++);
        System.out.print(a);
    }
}
```

　　A. 666　　　　　　　　B. 667　　　　　　　　C. 677　　　　　　D. 676

3. instanceof 运算符能够用来判断一个对象是否为（　　　　）。

　　A. 一个类的实例

　　B. 一个实现指定接口的类的实例

　　C. 一个子类的实例

　　D. 全部正确

4. 假设 int x=1,float y=2，则表达式 x/y 的值是（　　　　）。

　　A. 0　　　　　　　　　B. 1　　　　　　　　　C. 2　　　　　　　D. 以上都不是

参考答案：1.

```
public class AgeChange {
    public static void main(String[] args) {
        int age = 18;
        //输出
        System.out.println("你今年"+age+"岁，去年"+(--age)+"岁。");
    }
}
```

2. B　3. D　4. D

2.4 初识面向对象

2.4.1 构造方法

对象是类的实例,类是对象的模板。Java 通过调用类的构造方法生成一个对象。构造方法名与类名相同,通过 new 关键字调用,结果是生成一个类的对象。构造方法可以有参数,但一个类如果没有定义构造方法,则默认它有一个不带参数的构造方法。

在 InputAndOutput 类的 main()方法中,通过 Scanner 类来获取用户的输入。Scanner 是一个扫描输入文本的实用类,该类可以先使用分隔符(在默认情况下是空格)将输入文本分解为标记,再使用各种 next 方法将生成的标记转换为不同数据类型的值。

```
Scanner scanner = new Scanner(System.in);
```

调用 Scanner 类的构造方法并传入 System.in 参数,从而生成一个 Scanner 对象,将这个对象保存到 scanner 变量中。System.in 参数是标准输入流对象,默认从键盘中输入。

Java 中的 new 关键字用于在堆(Heap)内存中创建一个新的对象。当使用 new 关键字创建对象时,Java 会在堆内存中分配足够的空间来存储对象的数据,并返回一个指向该对象的引用(Reference)。这个引用可以用来访问对象的属性和方法。

需要注意的是,Java 中的基本数据类型(如 int、float 等)并不是对象,因此它们不是在堆内存中创建的。但是,如果它们被存储在栈(Stack)内存中,则这种存储方式比在堆内存中创建对象更为高效。

String 比较特别,既可以使用构造方法来创建 String 对象。

```
String str = new String("Hello,World");
```

也可以像一般的基本数据类型一样,生成一个字符串对象,具体如下。

```
String str = "Hello,World";
```

上面"Hello,World"表示一个字符串常量,编译器会使用该值生成一个 String 对象 str。

这两种方式有什么区别呢?执行下面这段代码,观察其输出结果。

```
String str = "Hello,World";
String str1="Hello";
String str2=",";
String str3="World";
String str4= new String("Hello,World");
System.out.println(str=="Hello"+","+"World");
System.out.println(str==str1+str2+str3);
System.out.println(str==str4);
```

结果可能有些出你所料,是 true、false 和 false。原因如下。

(1)在 Java 中,"=="运算符用于比较两个值是否相等。然而,在比较基本数据类型和引用类型时,"=="运算符具有不同的行为。当使用"=="运算符比较基本数据类型时,系统比较的是它们的值是否相等;当使用"=="运算符比较引用类型时,系统比较的是它们是否引用同一对象。

（2）Java 字符串常量池的作用是提高程序的性能和减少内存占用。当程序中使用相同的字符串常量时，JVM 会在常量池中查找该字符串常量并返回其引用，而不是重新创建一个新的字符串对象。这样做可以避免创建多个相同的字符串对象，节省内存空间，并提高程序的执行效率。

（3）字面量与"+"运算符连接是在编译期间进行的，连接后的字符串存放在字符串常量池中。也就是说，编译器在编译时，直接把"Hello"、","和"World"这 3 个字面量进行"+"运算符操作，从而得到一个"Hello,World"字符串常量，并且直接将这个字符串常量放入字符串池中。这样做实际上是一种优化，将 3 个字面量合成一个，避免了创建多余的字符串对象（只有一个对象"Hello,World"在字符串常量池中）。所以，str 与"Hello"+","+"World"都指向字符串常量池的同一个常量，即"System.out.println(str=="Hello"+","+"World");"语句输出 true。

（4）字符串引用的"+"连接运算符是在执行期间进行的，新创建的字符串存放在堆中。即 str1 + str2 + str3 在执行程序时才会进行计算。因为该操作会重新创建一个连接后的字符串对象，并且存放在堆中，所以创建的字符串对象不会与存放在字符串池中的 str 相同，即"System.out.println(str==str1+str2+str3);"语句输出 false。

（5）使用 new 关键字和构造方法创建字符串，并在堆中创建新的对象。所以，str2 和在字符串池中的 str 不可能是同一个对象，即"System.out.println(str==str4);"语句输出 false。

随堂测试

1. 下列关于构造方法的描述，错误的是（   ）。
   A. 方法名与类名相同   B. 使用 new 关键字调用
   C. 可以有参数   D. 不能被重载
2. 下面这段代码的输出结果是（   ）。

```
String test="javaandpython";
String str1="java";
String str2="and";
String str3="python";
System. out. println(test=="java"+"and"+"python"):
System. out. println(test ==str1 + str2 + str3);
```

   A. true true   B. false false   C. false true   D. true false

参考答案：1. D 2. D

2.4.2 方法的重载

Scanner 的构造方法有很多，比较常用的有 3 个，如表 2-2 所示。

表 2-2　Scanner 的常用构造方法

构造方法	说明
Scanner(File source)	生成一个 Scanner 对象, 从指定文件中扫描并读取内容
Scanner(InputStream source)	生成一个 Scanner 对象, 从指定输入流中扫描并读取内容
Scanner(String source)	生成一个 Scanner 对象, 从指定字符串中扫描并读取内容

System.in 就是一个 InputStream (输入流) 对象, 所以 new Scanner(System.in)使用了 Scanner(InputStream source)构造方法。

表 2-2 中的构造方法具有方法名相同 (都与类名一样), 但是参数的数据类型不同的特点。Java 把这种方法名相同但是参数列表不同的现象 (包括参数的个数或参数数据类型不一样的情况) 称为方法的重载。不只是构造方法存在重载的现象, 其他方法也会出现重载的现象。查看 Java 开发文档可以很容易发现, PrintStream 类中有多个重载的 println()方法, 如图 2-2 所示。

void	println()	通过写入行分隔符字符串来终止当前行。
void	println(boolean x)	打印一个布尔值, 并终止该行。
void	println(char x)	打印一个字符, 并终止该行。
void	println(char[] x)	打印一个字符数组, 并终止该行。
void	println(double x)	打印一个双精度, 并终止该行。
void	println(float x)	打印一个浮点数, 并终止该行。
void	println(int x)	打印一个整数, 并终止该行。
void	println(long x)	打印一个 long, 并终止该行。
void	println(Object x)	打印一个对象, 并终止该行。
void	println(String x)	打印一个字符串, 并终止该行。

图 2-2　PrintStream 类中有多个重载的 println()方法

随堂测试

对于同一类中的两个方法, 在判断它们是不是重载方法时, 肯定不考虑 (　　　)。
A. 参数个数　　　　　　B. 参数类型　　　　　　C. 返回值类型　　　D. 参数顺序
参考答案: C

2.4.3　类的实例成员和静态成员

类的成员包括变量 (也被称为属性、成员变量) 和方法。

作为类的成员的变量被称为成员变量, 以区别于在方法中定义的局部变量。成员变量前面有 static 修饰的就是静态变量, 反之就是实例变量。System 类的 in 和 out 都是静态变量。

类似地, 方法前面有 static 修饰的就是静态方法, 反之就是实例方法。

实例成员（包括实例变量和实例方法）是每个类的对象独有的，需要用"对象.成员名"格式来访问，如 scanner.nextInt() 和 scanner.nextLine() 就是调用实例方法的例子。类的静态成员（包括前面有 static 修饰的变量和方法）为类的所有对象共享，可以直接用"类名.成员名"格式来访问。这是因为即使对象不同，值也是一样的，所以可以直接用"类名.成员名"格式来访问，如 System.in 和 System.out。静态成员也被称为类成员。

随堂测试

1. 下面代码的输出结果是（　　　）。

```java
public class Test {
    public int aMethod(){
        static int i = 0;
        i++;
        return i;
    }
public static void main(String args[]){
    Test test = new Test();
    test.aMethod();
    int j = test.aMethod();
    System.out.println(j);
    }
}
```

　　A. 0　　　　　　　　B. 1　　　　　　　　C. 2　　　　　　　　D. 编译失败

2. 为名为 AB 的类定义一个无形式参数、无返回值的 method() 方法，使得可以用类名直接调用该方法，即 AB.method()，则该方法的头为（　　　）。

　　A. static void method()　　　　　　　　B. public void method()

　　C. final void method()　　　　　　　　D. abstract void method()

3. 在 Java 中，无论在何处调用，使用静态属性都必须以"类名.静态变量名"的方式。（　　　）。

　　A. 正确　　　　　　　　　　　　　　B. 错误

参考答案：1. D　2. A　3. B

2.4.4　final 关键字

System 类的 in 和 out 的定义如图 2-3 所示。

观察 System 类的 in 和 out 的定义，发现前面还有一个新的修饰符 final。final 是最终的意思，表示这两个成员变量的值是不能被改变的。

final 不仅可以修饰类的成员，还可以修饰变量，此时这个变量就是常量，只能赋值一次。

有 final 修饰的类不能被继承。打开 Java 的 API 文档，可以发现 String 就是有 final 修饰的类，因此不能被继承，如图 2-4 所示。

```
Field Detail

in

public static final InputStream in

The "standard" input stream. This stream is already open and ready to supply input data. Typically this stream corresponds to
keyboard input or another input source specified by the host environment or user.

out

public static final PrintStream out

The "standard" output stream. This stream is already open and ready to accept output data. Typically this stream corresponds to
display output or another output destination specified by the host environment or user.

For simple stand-alone Java applications, a typical way to write a line of output data is:

            System.out.println(data)

See the println methods in class PrintStream.

See Also:
PrintStream.println(), PrintStream.println(boolean), PrintStream.println(char), PrintStream.println(char[]),
PrintStream.println(double), PrintStream.println(float), PrintStream.println(int), PrintStream.println(long),
PrintStream.println(java.lang.Object), PrintStream.println(java.lang.String)
```

图 2-3　System 类的 in 和 out 的定义

```
public final class String
extends Object
implements Serializable, Comparable<String>, CharSequence

The String class represents character strings. All string literals in Java programs, such as "abc", are implemented as instances
of this class.

Strings are constant; their values cannot be changed after they are created. String buffers support mutable strings. Because
String objects are immutable they can be shared. For example:

            String str = "abc";
```

图 2-4　String 类有 final 修饰不能被继承

　　有 final 修饰的方法不能被重写（或覆盖）。继承、重写（或覆盖）都是 Java 面向对象的重要特性，后续章节会对此进行详细介绍。

随堂测试

　　下列关于构造方法的描述，错误的是（　　　　）。

A.　Java 语言规定构造方法名与类名必须相同

B.　Java 语言规定构造方法没有返回值类型，也不用 void 声明

C.　Java 语言规定构造方法不可以重载

D.　Java 语言规定构造方法只能通过 new 关键字自动调用

参考答案：C

单元 *3*   掌握 Java 的流程控制和 数组类型

学习目标

- 掌握 Java 流程控制的语法。
- 掌握 Java 数组的使用方法。
- 能够使用 Java 流程控制语句和数组编写实用的程序。

3.1 任务描述

本单元先通过分析和拓展前面可以交互的 Java 程序，让读者掌握 Java 的流程控制，学习关系运算符和逻辑运算符，学习 if 判断和 switch 多重选择语句、条件表达式，并通过实现一个简单的循环，对比学习 while 循环、do while 循环和 for 循环；再通过 main() 方法的参数引入数组，让读者掌握 Java 的数组类型，学习数组变量的定义与初始化、查看数组的大小与访问数组中的元素、使用 for 循环遍历数组、使用 for each 循环遍历数组；最后通过完成打印乘法口诀表，学习多维数组。

3.2 掌握 Java 的流程控制

3.2.1 关系运算符和逻辑运算符

1. 关系运算符

关系运算符经常用来表示条件是否成立，因此其结果为 boolean（布尔）值（false/true）。

关系运算符主要有以下几种。

- ==：等于。例如，2==3 的结果是 false。
- !=：不等于。例如，2=3 的结果是 true。
- >：大于。例如，2>3 的结果是 false。
- <：小于。例如，2<3 的结果是 true。
- >=：大于或等于。例如，2>=3 的结果是 false。
- <=：小于或等于。例如，2<=3 的结果是 true。

2. 逻辑运算符

逻辑运算符用来组合多个条件，最终的结果也是一个 boolean 值。逻辑运算符主要有以下几种。

- &：逻辑与。a&b 表示当 a 和 b 同时为 true 时，结果为 true，否则为 false。
- &&：短路与。a&&b 表示当 a 和 b 同时为 true 时，结果为 true，否则为 false。
- |：逻辑或。a|b 表示当 a 和 b 有一个为 true 时，结果为 true。
- ||：短路或。a||b 表示当 a 和 b 有一个为 true 时，结果为 true，否则为 false。
- !：取反。!a 表示当 a 为 true 时，结果为 false；当 a 为 false 时，结果为 true。
- ^：逻辑异或。a^b 表示当 a 和 b 不同时，结果为 true，否则为 false。

其中，短路与和逻辑与的区别是，短路与在第一个条件为 false 时直接返回结果 false，不再判断（即执行）第二个条件。同理，短路或在第一个条件为 true 时直接返回结果 true，不再判断第二个条件。例如：

```
int a = 4;
int b = 9;
//对于短路与"&&"来说，如果第一个条件为false ,则后面的条件不再判断，因此不会执行++b
if(a < 1 && ++b < 50) {
    System.out.println("ok300");
}
System.out.println("a=" + a + " b=" + b);
```

输出结果如图 3-1 所示。

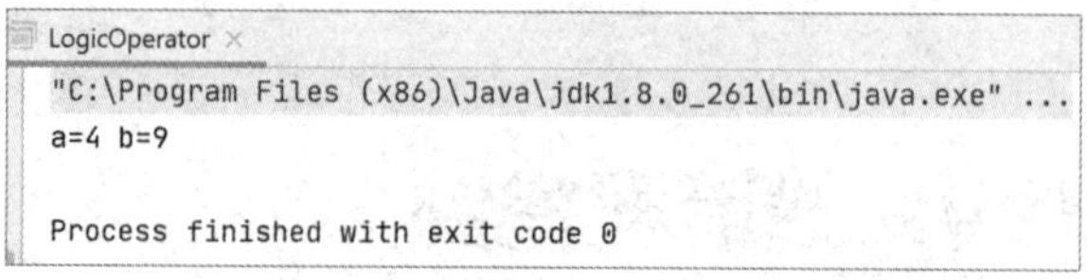

图 3-1   使用短路与，第一个条件为 false，第二个条件不会执行

如果将短路与"&&"改为逻辑与"&"，代码如下。

```
int a = 4;
int b = 9;
//对于逻辑与"&"来说，如果第一个条件为false，则后面的条件仍然会判断，因此会执行++b
if(a < 1 & ++b < 50) {
```

```
    System.out.println("ok300");
}
System.out.println("a=" + a + " b=" + b);
```

输出结果如图 3-2 所示。

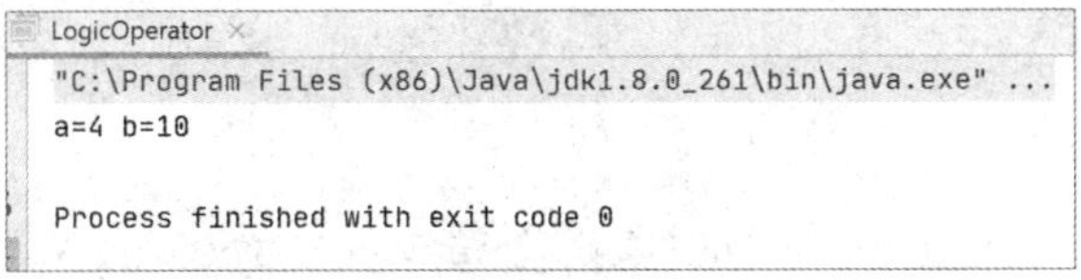

```
LogicOperator ×
"C:\Program Files (x86)\Java\jdk1.8.0_261\bin\java.exe" ...
a=4 b=10

Process finished with exit code 0
```

图 3-2　使用逻辑与，第一个条件为 false，第二个条件仍然执行

随堂测试

如果你希望你的条件依赖于两个条件都是真的，那么在两个条件之间放置什么符号才是正确的？（　　）

A. !　　　　　　　　B. ||　　　　　　　　C. &&　　　　　　　　D. and

参考答案：C

动手练习

输入上面代码，分别体验&与&&的不同。

3.2.2　if 判断

如果要根据条件来决定是否执行某一段代码，则需要使用 if 语句。if 语句的基本语法如下。

```
if (条件) {
    // 条件满足时执行
    if 语句块
}
else {
}
```

如果 if 的计算结果（条件）为 true，则执行 if 语句块，即后面大括号{}包含的所有语句，否则执行 else 语句块。if 语句可以没有 else 部分。

修改前面的程序，实现：如果输入的年龄大于或等于 18，则输出"XXX，你已成年。恭喜你，拥有了选举权和被选举权！"，否则输出"抱歉，XXX，你还未成年，目前还没有选举权和被选举权！"。

修改后的程序代码如下。

```
import java.util.Scanner;
public class InputAndOutput {
    public static void main(String[] args) {
        Scanner scanner= new Scanner(System.in);
```

```
        System.out.println("请输入姓名：");
        String name = scanner.nextLine();
        System.out.println("请输入年龄：");
        int age = scanner.nextInt();
        if (age>=18){
            System.out.println(name+",你已成年。恭喜你，拥有了选举权和被选举权！");
        }
        else{
            System.out.println("抱歉，"+name+",你还未成年，目前还没有选举权和被选
举权！");
        }
    }
}
```

运行程序，输入姓名"张三"和年龄"19"，将得到如图 3-3 所示的结果。运行程序，输入姓名"李四"和年龄"17"，将得到如图 3-4 所示的结果。

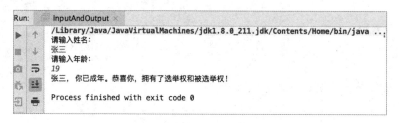

图 3-3 输入姓名"张三"和年龄"19"的运行结果

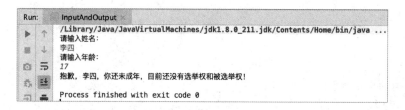

图 3-4 输入姓名"李四"和年龄"17"的运行结果

随堂测试

若要求执行下面代码打印字符串"季军"，则 x 变量的取值范围是（　　　　）。

```
if(x= =0){System.out.println("冠军"); }
elseif(x>-3){System.Out.println("亚军"); }
else{System.out.println("季军"); }
```

A．x=d&x<=-3　　　　　B．x>0　　　　　C．x>-3　　　　　D．x<=-3

参考答案：D

动手练习

参考 3.2.2 节的代码，实现：如果输入的年龄大于或等于 6，则输出"XXX，你肯定不

适合做幼儿园小朋友了！"，否则输出"抱歉，XXX，你目前还可以做幼儿园小朋友。"。

3.2.3　switch 多重选择

再次修改程序，实现：用户输入姓名和 Java 成绩（百分制），输出对应的姓名和五分制成绩，即"XXX 同学，你的 Java 成绩换算成五分制为 Y"。通常百分制转为五分制的算法如下。

大于或等于 90 分为 A；小于 90 分且大于或等于 80 分为 B；小于 80 分且大于或等于 70 分为 C；小于 70 分且大于或等于 60 分为 D；小于 60 分为 E。

虽然用 if-else 语句也可以实现上述需求，但是代码过于烦琐，最好使用 switch 语句。switch 语句首先根据 switch(表达式)计算的结果，跳转到匹配的 case 语句，然后继续执行后续语句，直到遇到 break 语句结束执行。

这里我们还会用到一个技巧，就是 Java 的整除。Java 对整数和浮点数支持所有的算术运算，加、减、乘、除的运算符分别是"+""-""*""/"。对于除法运算，如果除数和被除数都是整数，则结果取整，也是整数。我们将百分制成绩除以 10，则结果只能是 0～10 的任意整数，所以最终程序如下。

```java
import java.util.Scanner;
public class InputAndOutput {
    public static void main(String[] args) {
        Scanner scanner= new Scanner(System.in);
        System.out.println("请输入姓名：");
        String name = scanner.nextLine();
        System.out.println("请输入 Java 成绩（百分制）：");
        int score = scanner.nextInt();
        char fivePointScore='E';
        switch (score/10){
            case 10:
            case 9: fivePointScore='A';break;
            case 8: fivePointScore='B';break;
            case 7: fivePointScore='C';break;
            case 6: fivePointScore='D';break;
            case 5:
            case 4:
            case 3:
            case 2:
            case 1:
            case 0: fivePointScore='E';break;
            default:
                System.out.println("输入的成绩不合法");return;
```

```
        }
        System.out.println(name+"同学，你的Java成绩换算成五分制为"+fivePointScore);
    }
}
```

当百分制成绩整除 10 后结果为 9、8、7、6 和 0 时，代表五分制成绩的 fivePointScore 变量分别被赋值为'A'、'B'、'C'、'D'和'E'，然后执行 break 语句退出 switch 语句。

如果百分制成绩为 100 分，则结果为 10，匹配到 case 10，由于没有遇到 break 语句，因此会执行其后的代码，即继续执行 case 9，将 fivePointScore 变量赋值为'A'；由于 case 9 后面有 break 语句，因此会退出 switch 语句。如果输入的百分制成绩为 10～59 分，则其处理过程与 100 分的类似。

default 语句是上面所有 case 语句都不匹配时执行的代码，即输入的成绩不是 0～100 的整数就会执行 default 语句，从而输出"输入的成绩不合法"，并执行 return 语句退出程序。

return 语句不仅可以终止程序，还常用于返回方法值。如果方法需要返回值（返回值类型不为 void），则必须使用带有返回相应类型值的 return 语句。构造方法不能有 return 语句，这是因为构造方法没有返回值类型，甚至连 void 标识符都不能有。

随堂测试

1. 下面代码的输出结果是（   ）。

```
public static void main(String[] args) {
    int num = 2;
    switch (num) {
        case 1:
            ++num;
        case 2:
            ++num;
        case 3:
            ++num;
        default:
            ++num;
        break;
    }
    System.out.println(num);
}
```

A. 2　　　　　　B. 3　　　　　　C. 4　　　　　　D. 5

2. 下列关于 return 语句的描述，错误的是（   ）。（多选）

A. return 语句用于终止程序

B. return 语句用于返回方法的值

C. 构造方法也可以有 return 语句

D. 返回值类型为 void 的方法不能有 return 语句

参考答案：1. D　2. CD

动手练习

编写程序，实现：用户输入姓名和 Python 成绩（百分制），输出对应的姓名和五分制成绩，即"XXX 同学，你的 Python 成绩换算成五分制为 Y"。

3.2.4 条件表达式

Java 支持使用条件表达式（也被称为三目运算符）来简化 if-else 语句的代码。条件表达式的语法如下。

```
表达式 1 ？表达式 2 ：表达式 3
```

"表达式 1"的作用等同于 if 语句后面的条件，如果"表达式 1"为 true，则执行"表达式 2"，否则执行"表达式 3"。

如果条件语句如下。

```
if(a>b) {
 max=a;
}
else {
  max=b;
}
```

则其条件表达式如下。

```
max=(a>b)?a:b;
```

随堂测试

执行下面代码段后，t3 的结果是（   ）。

```
int t1 = 2, t2 = 3, t3;
t3 = t1 < t2 ? t1 : (t2 + t1);
```

A. 2   B. 4   C. 5   D. 6

参考答案：A

我们可以很容易地修改前面 if 语句中的案例代码，用条件表达式替换 if 语句。同学们可以自行练习，也可以用手机扫描右侧的二维码参照操作视频完成。

动手练习

使用条件表达式来改写 if 语句中的案例代码。

3.2.5 while 循环

编写程序，实现：输出 5 次"我爱学 Java"。如果直接用 5 个输出语句，就太烦琐了。

如果要求输出 100 次呢？这个重复的任务可以用循环来完成。第一种方式就是用 while 循环，语法如下。

```
while (循环条件) {
    循环语句
}
// 继续执行后续代码
```

while 循环在每次循环开始前，首先判断条件是否成立。如果计算结果为 true，就把循环语句执行一遍；如果计算结果为 false，就直接跳到 while 循环的末尾，继续往下执行。

为了能够退出循环，循环语句中一定要有改变循环条件的代码，即定义一个 i 变量，由它来控制循环的条件。先将 i 变量初始化为 0，循环条件为 i 小于 5，循环语句包含两条语句：一条是输出"我爱学 Java"，另一条是修改循环条件控制变量，即 i 的值增加 1，代码如下。

```
public class LoveJavaWhen {
    public static void main(String[] args) {
        int i=0;//循环条件控制变量，初始化为 0
        while(i<5){
            System.out.println("我爱学 Java");
            i++;//修改循环条件控制变量
        }
    }
}
```

运行程序，将得到如图 3-5 所示的结果。

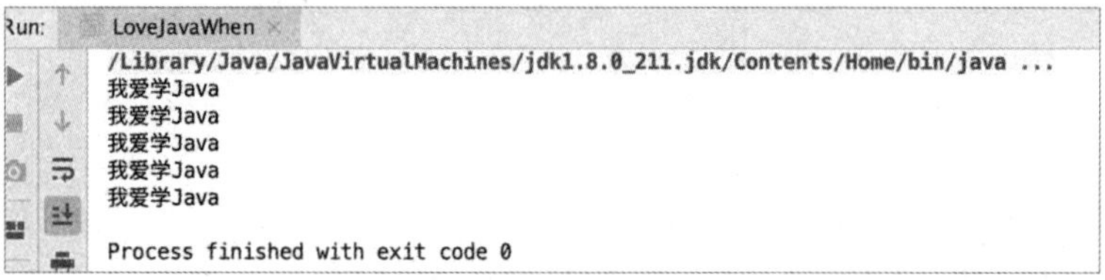

图 3-5　输出 5 次"我爱学 Java"

上面代码中，i++就是让 i 的值递增 1 的运算。

随堂测试

下列关于下面代码的描述，正确的是（　　　）。

```
public class While {
    public void loop() {
        int x= 10;
        while ( x ) {
            System.out.print("x minus one is " + (x - 1));
            x -= 1;
        }
```

```
        }
    }
```

A. 行 1 有语法错误   B. 行 4 有语法错误

C. 行 5 有语法错误   D. 行 6 有语法错误

参考答案：B

动手练习

改写 while 循环中的案例代码。要求 i 初始化为 1。

提示：修改循环条件，注意边界条件。

3.2.6　do while 循环

while 循环是先判断循环条件，再执行循环语句，因此有可能一次循环都不做。

另一种 do while 循环则是先执行循环语句，再判断循环条件，条件满足时继续循环，条件不满足时退出循环。do while 循环的语法如下。

```
do {
    循环语句
} while (循环条件);
```

使用 do while 循环完成输出 5 次"我爱学 Java"，代码如下。

```java
public class LoveJavaDoWile {
    public static void main(String[] args) {
        int i=0;
        do{
            System.out.println("我爱学 Java");
            i++;
        }while(i<5);
    }
}
```

动手练习

改写 do while 循环中的案例代码得到同样的结果。要求 i 初始化为 1。

3.2.7　for 循环

for 循环的功能非常强大，可以使用计数器实现循环。for 循环首先会初始化计数器，然后在每次循环前检测循环条件，并在每次循环后更新计数器。计数器变量通常命名为 i。for 循环的语法如下。

```
for (初始化计数器; 循环条件; 循环后更新计数器) {
    循环语句
}
```

使用 for 循环实现输出 5 次"我爱学 Java",代码如下。

```
public class LoveJavaFor {
    public static void main(String[] args) {
        for(int i=0;i<5;i++){
            System.out.println("我爱学 Java");
        }
    }
}
```

在执行 for 循环前,首先会执行初始化语句 int i=0,用来定义计数器变量 i 并赋初始值为 0;然后在循环前检查循环条件 i<5,在循环后自动执行 i++。因此,和 while 循环相比,for 循环把更新计数器的代码统一放到了一起。在 for 循环的循环语句内部,不需要去更新 i 变量。

随堂测试

下面代码的输出结果是（　　　）。

```
public class ForTest {
    public static void main(String[] args) {
        int count=0;
        int num=0;
        for(int i=0;i<=100;i++){
            num = num+i;
            count = count++;
        }
        System.out.println("num*count = "+num*count);
    }
}
```

A.　num * count = 505000　　　　　　B.　num * count = 0
C.　运行时错误　　　　　　　　　　　D.　num * count = 5050

参考答案:B

动手练习

改写 for 循环中的案例代码并得到同样的结果。要求 i 初始化为 1。

3.3　掌握 Java 的数组类型

3.3.1　数组变量的定义和初始化

数组是很常用的数据结构,可以存储多个同样数据类型的数据,其中每一个数据都是数组的元素。数组就是变量或参数定义时，在数据类型或名称后面的一对方括号中的内容。Java 程序的入口方法 main()的参数就是一个字符串数组，所以

```
public static void main(String[] args) {}
```

和

```
public static void main(String args[] ) {}
```

是一样的。

下面代码都可以完成对 arr 数组的初始化。

```
int[] arr = new int[5];#5 个元素初始化为 0（整型的默认值）
int[] arr = {1,2,3,4,5};#用逗号隔开各个元素的初始值
int[] arr = new int[]{1,2,3,4,5};#结果同上
```

数组变量初始化通常使用"new 数组元素类型[元素个数]"方式，如初始化含有 5 个整型数据的数组就是 new int[5]，含有 3 个字符串的字符串数组就是 new String[3]。数组所有元素的初始化都为默认值，即整型是 0，浮点型是 0.0，布尔型是 false，引用是 null。

数组还有另一种初始化方式，即将用逗号隔开的各个元素的初始值写在大括号中。

```
int[] arr = {1,2,3,4,5};
```

还有和上面相同的"new 数组元素类型[]{逗号隔开的各个元素的初始值}"方式，代码如下。

```
int[] arr = new int[]{1,2,3,4,5};//结果同上
```

随堂测试

下列代码中，可以正确定义并初始化 weekdays 数组的是（　　　）。

A.　String[7]　weekdays[];

B.　String weekdays[7];

C.　String[] weekdays=new String[7];

D.　String weekdays[7]= new String[];

参考答案：C

3.3.2　查看数组的大小并访问数组中的元素

数组一旦创建后，就不能改变其大小（元素个数）。通过"数组名称.length"就可以得到数组的大小。

要访问数组中的某一个元素，需要使用下标，即元素在数组中的位置或序号。数组下标从 0 开始，如 3 个元素的数组，其下标范围是 0～2。数组下标的最大值是数组大小减去 1，即"数组名.length-1"。如果要输出 arr 数组的第 3 个元素，则使用如下代码。

```
int[] arr = {1,2,3,4,5};
System.out.print(arr[2]);
```

1. 获取 names 数组的大小，下列正确的是（　　）。

   A. names.length   B. names.len

   C. names.length()   D. names.len()

2. 获取 names 数组的最后一个元素，下列正确的是（　　）。

   A. names[names.length]   B. names[names.length-1]

   C. names[names.length()]   D. names[names.length()-1]

参考答案：1. A　2. B

3.3.3　使用 for 循环遍历数组

main()方法的参数是命令行参数，即执行 Java 程序时，Java 类名后面还可以添加参数（用空格隔开的字符串组成的字符串数组）。下面代码可以输出命令行参数的每一个元素（每一个字符串）的值。

```java
public class CommandLineArgs {
    public static void main(String[] args) {
        //for 循环，i 对应数组下标，从 0 到数组的大小-1，顺序访问每一个元素
            for(int i=0;i<args.length;i++){
                System.out.println(args[i]);
            }
    }
}
```

顺序访问每一个数组元素被称为数组的遍历。这里需要用到 for 循环，其中 args.length 表示的是 args 数组元素的个数。

在 IDEA 中打开终端编译程序，并输入命令"java CommandLineArgs aa bb cc"来执行程序，从而输出命令行参数的每一个字符串的值，如图 3-6 所示。

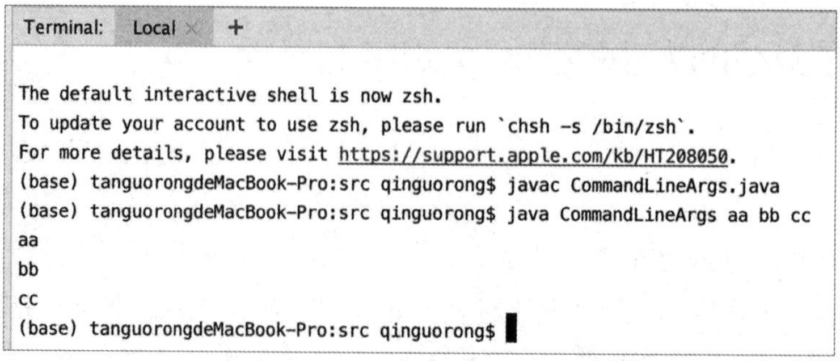

图 3-6　输出命令行参数的每一个字符串的值

动手练习

编写代码用 for 循环将 1 ～ 10 顺序保存到 nums 数组中，并在一行中输出 nums 数组的每一个元素。

3.3.4　使用 for each 循环遍历数组

Java 还提供了另一种 for each 循环，可以更简单地遍历数组，语法如下。

```
for(类型 变量名:数组名) {
    循环语句;
}
```

修改前面的代码可以得到同样的操作。

```
public class CommandLineArgsForEach {
    public static void main(String[] args) {
        for(String arg:args){
            System.out.println(arg);
        }
    }
}
```

运行程序，将得到如图 3-7 所示的结果。

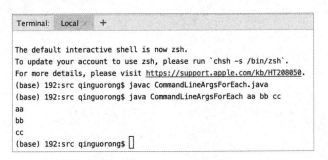

图 3-7　使用 for each 循环输出命令行参数的每一个字符串的值

除了数组，for each 循环还能遍历所有"可迭代"的数据类型，这些数据类型包括后面会介绍的 List、Map 等。

随堂测试

下列哪个是正确使用 for each 循环遍历整型 arr 数组的语法？（　　　）

A.　for(int i = 0; i < arr.length; i++) { // 循环语句 }

B.　for(int i : arr) { // 循环语句 }

C.　for(int i = 0; i < arr.length; i--) { // 循环语句 }

D.　for(int i = 0; i > arr.length; i++) { // 循环语句 }

参考答案：B

动手练习

修改案例代码，增加判断命令行参数的个数，即如果大于 1，则输出所有命令行参数。

3.3.5 多维数组

如果一个数组的元素也是数组，那么该数组就是一个多维数组。前面接触的数组都是一维数组。多维数组中常见的是二维数组，即矩阵。每个元素对应矩阵的一行，每行对应一个一维数组。通过"二维数组名[下标]"得到的是对应矩阵的一行，通过"二维数组[行号][列号]"得到的是对应矩阵的某行某列的值，注意行号和列号都从 0 开始。

下面代码可以打印出左下三角的乘法口诀表。

```java
public class TwoDimensionArray {
    public static void main(String[] args) {
    //定义并初始化数组，此时每个数都为 0
        int matrix[][]=new int[9][9];
        /*使用两层嵌套的 for 循环为矩阵的每个值赋值并输出
        i 控制行
        j 控制列
        */
        for(int i=0;i<9;i++){
            //输出一个换行符
            System.out.println();
            //为矩阵的每个值赋值并输出
            for (int j=0;j<=i;j++){
                matrix[i][j]=(i+1)*(j+1);
                System.out.print(matrix[i][j]+"\t");
            }
        }
    }
}
```

运行程序，将得到如图 3-8 所示的结果。

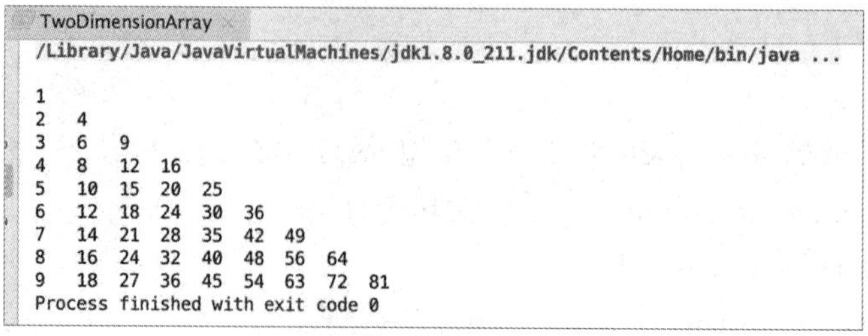

图 3-8　打印出左下三角乘法口诀表

随堂测试

下面代码的输出结果为（　　　）。

```java
public class ClassTest{
    String str = new String("hello");
    char[] ch = {'a','b','c'};
    public void fun(String str, char ch[]){
    str="world";
    ch[0]='d';
    }
    public static void main(String[] args) {
    ClassTest test1 = new ClassTest();
    test1.fun(test1.str,test1.ch);
    System.out.print(test1.str + " and ");
    System.out.print(test1.ch);
    }
}
```

A. hello and dbc   B. world and abc

C. hello and abc   D. world and dbc

参考答案：A

动手练习

1. 如果将 3.3.5 节代码中 for 循环的条件修改为 j<9，会出现什么情况？为什么？

2. 如果将 "System.out.print(matrix[i][j]+"\t");" 修改为 "System.out.print(matrix[i][j]+'\t');" 会出现什么情况？为什么？

3. 如果删除 "matrix[i][j]=(i+1)*(j+1);" 语句会出现什么情况？为什么？

4. 如果输出全部的乘法口诀表（不是左下三角）应该怎么修改代码？

5. 如果是三维数组，初始化代码应该怎么写？遍历的代码又应该怎么写？

阶段测试：Java 编程基础测试

一、单选题

1. 下列语句中，正确的是（　　　）。

　　A. float x = 0.0;   B. boolean b = 3>5;

　　C. char c = "A" ;   D. double = 3.14;

2. 下列选项中循环结构合法的是（　　　）。

　　A. while(int i<7){i++;System.out.println("i is "+i);}

B．int j=3;while(j){ System.out.println("j is "+j);}

C．int j=0;for(int k=0;j+k!=10;j++,k++){System.out.println("j is "+j+"k is " +k);}

D．int j=0; do{System.out.println("j is "+j++);if(j==3){continue loop;}}while(j<10);

3．在 Java 中，要表示 10 个学生的成绩，下列声明并初始化数组正确的是（　　）。

    A．int[] score=new int[ ];   B．int score[10];

    C．int score[]=new int[9] ;   D．int score[]=new int[10]

4．下列关于 Java 实例变量、局部变量、类变量和 final 变量的描述，错误的是（　　）。

    A．实例变量指的是类中定义的变量，即成员变量，如果没有初始化，会有默认值

    B．局部变量指的是在方法中定义的变量，如果没有初始化，会有默认值

    C．类变量指的是用 static 修饰的变量

    D．final 变量指的是用 final 修饰的变量

5．下列关于 final 关键字的描述，错误的是（　　）。

    A．final 是 Java 中的修饰符，可以修饰类、接口、抽象类、方法和属性

    B．final 修饰的类不能被继承

    C．final 修饰的方法不能被重载

    D．final 修饰的变量不允许被再次赋值

6．如果 Java 类型变量为 char c、short s、float f、double d，则表达式 c*s+f+d 的结果类型为（　　）。

    A．float   B．short   C．char   D．double

7．下面 ThisTest .java 程序的运行结果是（　　）。

```java
public class ThisTest {
    public static void main(String args[]) {
        String x= "7";
        int y = 2;
        int z= 2;
        System.out.println(x+y+z);
    }
}
```

    A．11   B．722

    C．74   D．程序有编译错误

8．在 A 类中存在一个 void set(int x)方法，下列不能作为这个方法的重载的声明的是（　　）。

    A．int set(int y)   B．int set(int x,double y)

    C．double set(int x,int y)   D．void set(int x,int y)

9．（　　）不是合法的标识符。

    A．STRING   B．x3x   C．void   D．deSf

10．Java 中可以将布尔值与整数进行比较吗？（　　）

    A．可以   B．不可以

11．哪种数据类型可以存储整数类型的值，范围为-2^31～2^31-1？（　　）

    A．byte　　　　　B．short　　　　　C．int　　　　　D．long

12．下面这条语句一共创建了（　　）个对象。

```
String s="welcome"+"to"+360;
```

    A．1　　　　　　B．2　　　　　　C．3　　　　　　D．4

13．（　　）数据类型可以存储单个字符。

    A．char　　　　　B．boolean　　　　　C．int　　　　　D．double

14．Java 编译器会将 Java 程序转换为（　　）。

    A．机器代码　　　B．可执行代码　　　C．字节码　　　D．都不对

15．下面代码的运行结果为（　　）。

```
import java.io.*;
import java.util.*;
public class foo{
    public static void main (String[] args){
        String s;
        System.out.println("s=" + s);
    }
}
```

    A．代码得到编译，并输出"s="

    B．代码得到编译，并输出"s=null"

    C．由于 String s 没有被初始化，因此代码不能编译通过

    D．代码得到编译，但捕获到 NullPointerException 异常

16．Java 中的数据类型有哪些？（　　）

    A．字符串　　　　B．整型　　　　　C．浮点型　　　　D．布尔型

二、问答题

下面代码最终的输出结果是什么？思考(price*discount)的小括号是不是可以去掉？为什么？

```
public static void main(String[] args) {
    String book = "三国演义"; // 字符串
    int price = 59;           // 整型变量
    float discount =0.9f;     //浮点型变量
    System.out.println("我买了一本图书，名字是：" + book + "\n打折后价格是:
" + (price*discount));
    }
```

三、判断题

1．Java 数组 days 的下标的范围为 0～days.length。　　　　　（　　）

2．用 for each 循环遍历数组，无法获取数组的索引。　　　　　（　　）

3．程序入口方法 main()的参数对应命令行参数。　　　　　（　　）

4．变量的类型既可以是基本数据类型，也可以是引用类型。　　　　　（　　）

5．Java 标识符只能是英文字母开头。　　　　　　　　　　　　　　（　　）

6．字符串数组在初始化后所有元素的值都是 null。　　　　　　　　（　　）

7．System.out.println()和 System.**out**.print()方法的区别是一个在最后输出一个换行，另一个没有。　　　　　　　　　　　　　　　　　　　　　　　　　　　　　（　　）

8．多维数组的元素是数组。　　　　　　　　　　　　　　　　　　　（　　）

9．for 循环的初始化计数器代码只执行一次。　　　　　　　　　　　（　　）

10．while 循环至少会执行循环一次。　　　　　　　　　　　　　　（　　）

四、编程题（拓展）

求连续子数组的最大和。

描述：

输入一个整型数组，数组里有正数也有负数。数组中连续的一个或多个整数组成一个子数组，每个子数组都有一个和。求所有连续子数组中和最大的值。

比如，下面这个数组的子数组的最大和为 187，从下标 3 到下标 7 的位置（本例中数组下标从 1 开始）。

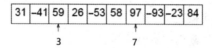

思路：比较常规的思路是暴力法、分治法、动态规划法和扫描法，这里给出较好理解的暴力法和扫描法。

解法一：暴力法　O(n3)

将所有可能的组合都计算出来。

```
int MaxSumOfSub1(){
    int res=-INF;
    for(int i=1;i<=cnt;i++){
        for(int j=i+1;j<=cnt;j++){
            int sum=0;
            for(int k=i;k<=j;k++)
                sum+=nums[k];
            res=max(res,sum);
        }
    }
    return res;
}
```

解法二：扫描法　O(n)

当我们加上一个正数时，和会增加；当我们加上一个负数时，和会减少。如果当前得到的和是个负数，则这个和在接下来的累加中应该被抛弃并重新清零，否则这个负数将会减小接下来的和。

```
int MaxSumOfSub5(){
    int res=-INF,sum=nums[0];
    for(int i=2;i<=cnt;i++){
        if(sum<0){
            sum=nums[i];
        }else{
            sum+=nums[i];
        }
        res=max(res,sum);
    }
    return res;
}
```

第二部分

学习 Java 面向对象

单元 4   开发一个简单的鸿蒙 App

■ 学习目标

- 掌握 Java 的类和包。
- 掌握 Java 的继承和覆盖。
- 掌握 super 和 this 关键字。

4.1   任务描述

华为鸿蒙 HarmonyOS 是全场景操作系统。也就是说，开发的鸿蒙 App 可以在任何平台上运行（包括但不限于 PC、手机、平板电脑、车载电脑、手表、IoT 设备等）。鸿蒙 App 可以用 Java、JS 和 eTS 语言来开发。

本单元使用向导快速生成一个简单的基于 Java 的鸿蒙 App 并分析代码，让读者沉浸式地学习 Java 面向对象编程技术。

随堂测试

1. 鸿蒙 App 可以在（   ）平台上运行。（多选）
   A. PC   B. 手机   C. 平板电脑   D. IoT 设备
2. 鸿蒙 App 可以用（   ）语言来开发。（多选）
   A. Java   B. JS   C. eTS   D. Python

参考答案：1. ABCD 2. ABC

4.2   搭建鸿蒙开发环境

4.2.1   注册华为账号并开通华为云

鸿蒙的开发环境是 DevEco Studio，下载需要华为账号，如果还没有，就注册一个。华为账号注册界面如图 4-1 所示。

图 4-1 华为账号注册界面

按提示注册华为账号并开通华为云，如图 4-2 所示。

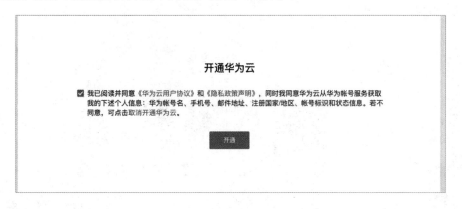

图 4-2 开通华为云界面

动手练习

注册华为账号并开通华为云。

4.2.2 登录华为开发者联盟官网完成实名认证

如果不进行华为账号的实名认证，将不能正常使用华为云服务，如购买华为云的产品和服务，以及使用 Remote Emulator（远程模拟器，使用远程模拟器就不用在本地安装本地模拟器了）等。对华为账号进行实名认证有多种方式，这里介绍一种比较简单的方式。

打开 https://developer.harmonyos.com/cn/home/链接，进入华为开发者联盟官网，如图 4-3 所示。单击"登录"文字链接，在华为账号登录界面输入注册的华为账号和密码完成登录，如图 4-4 所示。单击账号名下方的"实名认证"按钮，如图 4-5 所示，选择认证类型（个人认证/企业认证，学习选择个人认证即可），并根据界面提示进行实名认证。

图 4-3　华为开发者联盟官网界面

图 4-4　华为账号登录界面①

_____

① 图中的"帐户"正确写法为"账户"，后文同。

图 4-5　单击"实名认证"按钮

动手练习

登录华为开发者联盟官网并完成实名认证。

4.2.3　安装并配置鸿蒙开发环境 DevEco Studio

具体安装配置过程可以参考官方文档,这里仅介绍其操作重点。

1. 计算机配置要求

安装鸿蒙开发环境 DevEco Studio 的计算机需要满足如图 4-6 所示的配置要求。

图 4-6　安装 DevEco Studio 的计算机配置要求

2. 下载 DevEco Studio 并安装配置

打开 https://developer.harmonyos.com/cn/develop/deveco-studio#download_beta 链接,往下拉找到更稳定的 DevEco Studio 3.0 Beta2 历史版本,如图 4-7 所示,下载对应操作系统的

版本进行安装。安装完成后将显示如图 4-8 所示的界面。

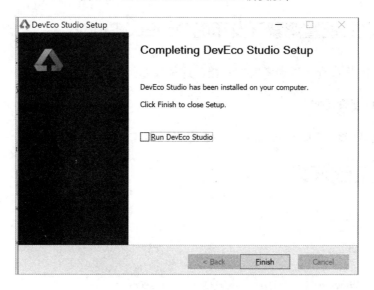

版本	发布时间	Platform	Package	Size	SHA-256 checksum	Download
DevEco Studio 3.0 Beta3 for OpenHarmony	2022-03-31	Windows(64-bit)	devecostudio-windows-tool-3.0.0.900.zip	395M	8464292f5d089ae67c5bf54b14065785a646 34d097472cf833d6d1aff05c65ab	↓
DevEco Studio 3.0 Beta3 for OpenHarmony	2022-03-31	Mac	devecostudio-mac-tool-3.0.0.900.zip	529M	5aafa31473611bfce05d3e76e533e4335395 0290a45a433131171b694579372d	↓
DevEco Studio 3.0 Beta2 for HarmonyOS	2021-12-31	Windows(64-bit)	devecostudio-windows-tool-3.0.0.800.zip	951M	a3bd9da7ab2488294089b99b0a54571b9fb 3807fb930447e7587b461463a1a78	↓
DevEco Studio 3.0 Beta2 for HarmonyOS	2021-12-31	Mac	devecostudio-mac-tool-3.0.0.800.zip	1130M	ecd265c51e2c2c84bb335131f96d5f0b17fc 25122e01bd8ba0f6a042b7082094	↓

图 4-7　DevEco Studio 3.0 Beta 2 历史版本

图 4-8　DevEco Studio 安装完成

3. 配置开发环境

配置开发环境可以参考官方文档，下面重点介绍其操作。

运行已安装的 DevEco Studio，首次使用请先勾选"Do not import settings"复选框，并单击"OK"按钮；再按照默认设置一步步完成 npm Registry、Node.js 的设置；最后单击"Finish"按钮。

如图 4-9 所示，当在"SDK Components Setup"界面中设置 OpenHarmony SDK 和 HarmonyOS SDK 的存储路径时，注意它们不能设置为同一个路径，且路径中不能包含中文字符。

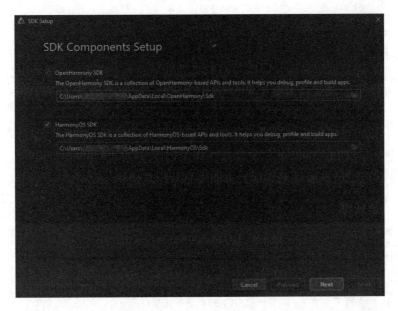

图 4-9 修改存储路径

HarmonyOS 应用/服务支持 API Version 4～8，第一次使用 DevEco Studio，该工具的配置向导会引导用户下载 SDK（Platforms）及工具链（Tools）。配置向导默认下载 API Version 8 的 SDK 及工具链，为了保证有同样的执行结果，我们要安装 API Version 7 及之前的版本（具体参考图 4-10～图 4-13），可以在项目配置完成后，进入"HarmonyOS SDK"界面手动下载，方法如下。

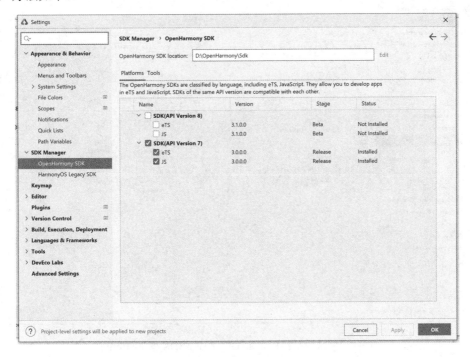

图 4-10 选择安装 OpenHarmony SDK 的 Platforms

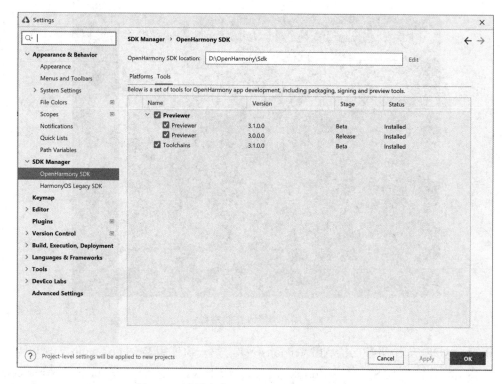

图 4-11　选择安装 OpenHarmony SDK 的 Tools

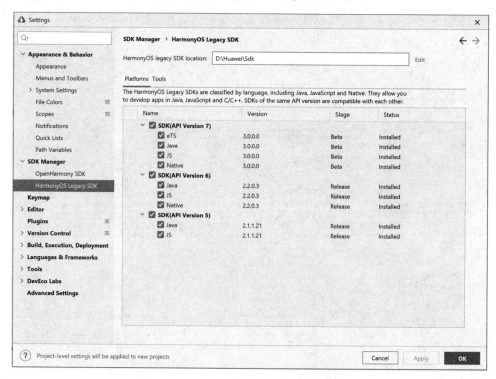

图 4-12　选择安装 HarmonyOS Legacy SDK 的 Platforms

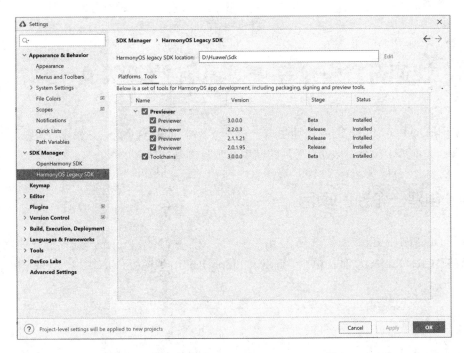

图 4-13　选择安装 HarmonyOS Legacy SDK 的 Tools

- 在 "DevEco Studio" 欢迎界面中，单击 "Configure" 下拉按钮（或图标），在下拉列表中选择 "Settings" → "HarmonyOS SDK" 选项，进入 "SDK Manager" 界面（macOS 系统为 "Configure" → "Preferences" → "HarmonyOS SDK"）。
- 在 DevEco Studio 打开项目的情况下，单击 "Tools" → "SDK Manager" 界面进入；或者单击 "File" → "Settings" → "HarmonyOS SDK" 进入（macOS 系统为 "DevEco Studio" → "Preferences" → "HarmonyOS SDK"）。

随堂测试

1. 下列关于 DevEco Studio 的描述，错误的是（　　　）。
   A. DevEco Studio 是 Java 开发环境
   B. DevEco Studio 是鸿蒙 App 开发环境
   C. 可以在 DevEco Studio 的 HarmonyOS SDK 界面手动安装并配置 OpenHarmony SDK 和 HarmonyOS SDK
   D. 安装 DevEco Studio 对计算机配置有要求
2. 程序员在开发 HarmonyOS 手机应用时，不需要安装哪些开发工具？（　　　）（多选）
   A. HUATEI DevEco Device Tool 　　　　B. IntelliJ IDEA
   C. DevEco Studio 　　　　　　　　　　D. Eclipse

参考答案：1. A　2. ABD

动手练习

安装并配置鸿蒙开发环境 DevEco Studio。

4.3 快速开发一个基于 Java 的鸿蒙 App

我们用 DevEco Studio 向导快速生成一个基于 Java 的鸿蒙 App，并显示"你好，世界"。通过这样一个简单的 App 来演示工具的使用和项目的基本框架。

4.3.1 创建一个新的项目

打开 DevEco Studio，依次选择"File"→"New"→"New Project"选项进行项目创建。在弹出的"Creat Project"对话框中，选择"Empty Ability"模板，并单击"Next"按钮，如图 4-14 所示。

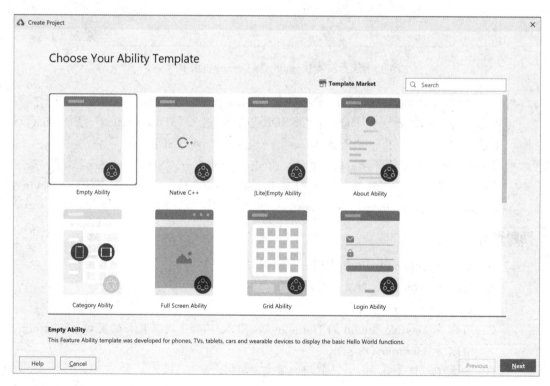

图 4-14 选择"Empty Ability"模板

在如图 4-15 所示的"Create Project"对话框中，可以修改项目名称（这里设置为"MyFirstApplication"），选择项目类型（这里选中"Application"单选按钮）、保存位置（默认）、编程语言（这里选中"Java"单选按钮）、兼容的 API 版本（默认）和设备类型（默认）。配置完成后，单击"Finish"按钮，即可完成一个项目的创建。

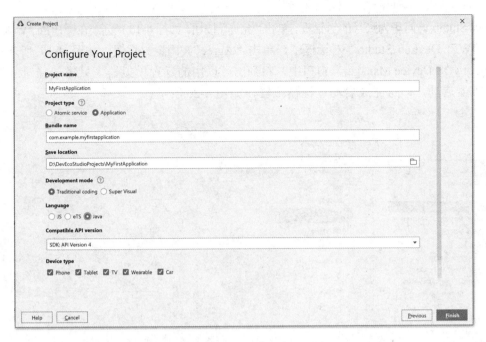

图 4-15　"Create Project"对话框

动手练习

在 DevEco Studio 中创建 MyFirstApplication 项目，要求设备类型只勾选"Phone"复选框。

4.3.2　启动模拟器运行程序

DevEco Studio 中的远程模拟器可以供开发者运行和调试鸿蒙 App，使开发者无须在本地安装模拟器的情况下即可运行和调试鸿蒙 App，但是它有以下局限。

- 需要实名登录。
- 每次使用时长为 1 小时。
- 超时会自动释放资源。

下面介绍如何启动远程模拟器调试程序。

1. 打开设备管理器

依次选择"Tools"→"Device Manager"选项，打开设备管理器，如图 4-16 所示。

2. 启动远程模拟器

在"HarmonyOS Device Manager"窗口中，单击"Remote Emulator"文字链接，并单击"Sign in"按钮登录华为云，如图 4-17 所示。如果成功，则会弹出询问是否允许 HUAWEI

DevEco Studio 访问华为账号的对话框，单击"允许"按钮，如图 4-18 所示。在弹出的"Welcome to HUIWEI DevEco Studio"对话框中，单击"Agree"（同意）按钮，如图 4-19 所示。在"HarmonyOS Device Manager"窗口中，将列出可以用的远程模拟器，只需选择对应的远程模拟器启动，即可完成启动远程模拟器，如图 4-20 所示。

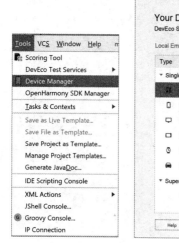

图 4-16 选择"Device Manager"选项

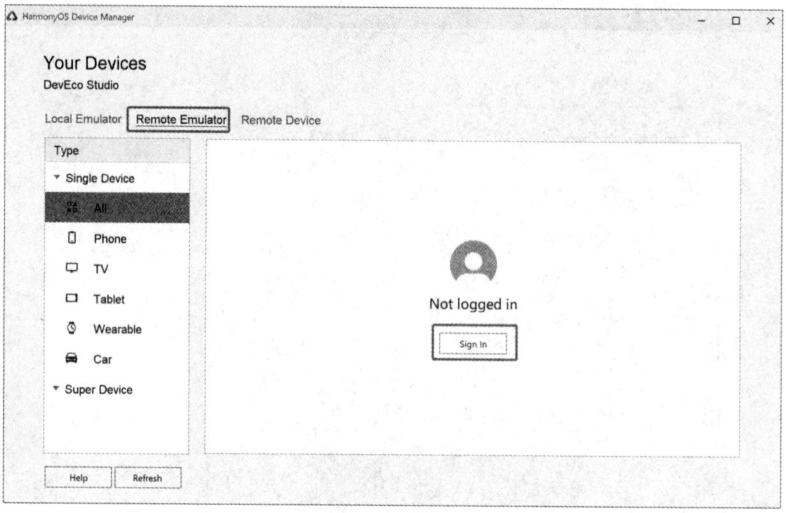

图 4-17 单击"Remote Emulator"文字链接和"Sign in"按钮

图 4-18 选择允许 HUAWEI DevEco Studio 访问华为账号

图 4-19　成功登录 HUAWEI DevEco Studio 客户端

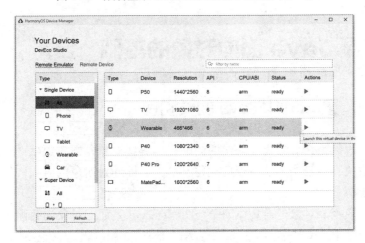

图 4-20　启动 SDK API Version 6 的可穿戴设备远程模拟器

3. 启动程序

单击工具栏中的"启动"按钮，启动程序，将在可穿戴设备远程模拟器上显示"你好，世界"，如图 4-21 所示。

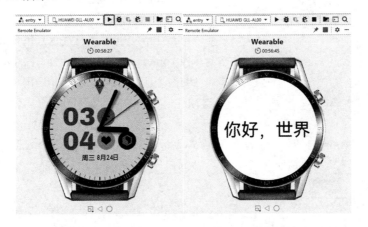

图 4-21　在 SDK API Version 6 的可穿戴设备远程模拟器上执行程序

随堂测试

DevEco Studio 中的远程模拟器可以供开发者运行和调试鸿蒙 App，但远程模拟器会有（　　）限制。（多选）

A. 需实名登录　　　　　　　　　　　B. 默认自动远程模拟

C. 每次使用时长为 1 小时　　　　　D. 超时自动释放资源

参考答案：ACD

动手练习

启动模拟器运行程序，注意选择与设备类型一致的模拟器。

4.4　掌握 Java 面向对象的基础

4.4.1　认识鸿蒙 App 中 Java 的类和包

面向对象编程就是，看看需要解决的问题包含哪些对象，给对象赋一些属性和方法，并让每个对象去执行自己的方法，使问题得到解决，即通过对象的方式，把现实世界映射到计算机模型中。

类是对象的模板，对象是类具体的一个实例。Java 是面向对象的编程语言，编写 Java 程序就是编写一个个 Java 类。用 Java 语言编写的鸿蒙 App 的程序也不例外，在 DevEco Studio 中将项目切换到"Project"视图，展开 entry/src/main/java/com.example.myfirstapplication 目录后可以看到 MyFirstApplication 项目的 3 个 Java 类，即 MainAbilitySlice、MainAbility 和 MyApplication，如图 4-22 所示。其中，MainAbility 是项目启动的第一个界面，在该界面中不直接显示内容，而是展示子界面，我们也称之为切片，即 MainAbilitySlice。在 MainAbilitySlice 里面才是显示内容。MainAbility（界面）包含一个或多个 MainAbilitySlice，而 MainAbilitySlice（子界面）包含要显示的内容。MyApplication 类是应用程序的入口类，负责初始化应用程序的环境，并调用 MainAbility 类和 MainAbilitySlice 类的功能。

Java 类可以有数据成员（属性或字段）和方法成员。MyFirstApplication 项目的 3 个 Java 类是由向导自动创建的，目前这 3 个类都只有方法成员。

对于普通的 Java 程序，入口是某个类的 main()方法。在 main()方法中，可以调用其他方法，

图 4-22　MyFirstApplication 项目的 3 个 Java 类

并通过多个类的方法的调用来完成程序的任务。MyApplication 类是鸿蒙 Java 应用程序的入口类，观察 MainAbility 类的 onStart()方法，可以发现 MainAbility 类和 MainAbilitySlice 类之间有调用关系，如图 4-23 所示。

```java
package com.example.myfirstapplication;

import com.example.myfirstapplication.slice.MainAbilitySlice;
import ohos.aafwk.ability.Ability;
import ohos.aafwk.content.Intent;

public class MainAbility extends Ability {
    @Override
    public void onStart(Intent intent) {
        super.onStart(intent);
        super.setMainRoute(MainAbilitySlice.class.getName());
    }
}
```

图 4-23　MainAbility 类和 MainAbilitySlice 类之间有调用关系

Java 类的成员可以分为数据成员（变量、字段或属性）和方法成员，各种成员又分为静态成员和实例成员。访问实例成员必须先生成一个类的对象，再用对象来访问。静态成员可以用对象访问，也可以用类名直接使用，比如 System.out 和 System.in。上面 MainAbilitySlice 类的 class 成员是静态数据成员，可以用类名直接使用。

Java 定义了一个命名空间，称之为包：package。一个类总是属于某个包的，类名（比如，MainAbility）只是一个简写，真正的完整类名是"包名.类名"（比如，com.example.myfirstapplication.MainAbility）。在定义类时，我们需要在第一行使用 package 语句声明这个类属于哪个包（比如，在定义 MainAbility 类时，在第一行使用"package com.example.myfirstapplication;"语句来声明它属于 com.example.myfirstapplication 包）。

在执行时，JVM 只看完整类（或接口）名，并且只要包名不同，类就不同，所以可以使用包来解决类名冲突问题。需要注意的是，Java 文件对应的目录层次要和包的层次一致。MainAbility 类和 MyApplication 类都属于 com.example.myfirstapplication 包，所以 MainAbility.java 文件和 MyApplication.java 文件在 java 文件夹的 com/example/ myfirstapplication 子目录下；MainAbilitySlice 类属于 com.example.myfirstapplication.slice 包，所以 MainAbilitySlice.java 文件在 com/example/myfirstapplication/slice 子目录下，如图 4-24 所示。

为了能够使用其他包的类或接口，我们需要在 Java 程序中使用它们的完整类（或接口）名。这会使程序代码过于冗长，可以使用 import 语句导入其他包的类或接口，在后面的代码中只需不带包名的类（或接口）名即可。有一种特殊情况，对于 java.lang 包下面的类，可以不用 import 语句导入。

图 4-24　包层次与目录层次

观察 MainAbility 类的代码，其中"package com.example.myfirstapplication;"语句说明 MainAbility 类属于 com.example.myfirstapplication 包，后面 3 个 import 语句保证了 MainAbilitySlice 类可以只用类名在类中直接使用 com.example.myfirstapplication.slice 包下的 MainAbilitySlice 类，

ohos.aafwk.ability 包下的 Ability 类和 ohos.aafwk.content 包下的 Intent 类。如果要导入同一个包中的多个类，则可以简单地使用"*"通配符，表示导入这个包下面的所有类。

需要注意的是，import 语句必须在 package 语句后，且在类声明语句前。

随堂测试

1. 下列关于 Java 的描述，正确的是（　　）。
   A. Java 不是面向对象的编程语言
   B. Java 类一定有数据成员（属性或字段）和方法成员
   C. Java 类的方法可以调用其他方法
   D. Java 类的静态成员只能用类名来访问
2. package 语句必须是 Java 程序的第一行语句（　　）。（判断题）
3. 要导入 java/awt/event 目录下面的所有类，下列描述正确的是（　　）。
   A. import java.awt.*和 import java.awt.event.*都可以
   B. 只能是 import java.awt.*
   C. 只能是 import java.awt.event.*
   D. import java.awt.*和 import java.awt.event.*都不可以

参考答案：1. C　2. √　3. C

4.4.2　通过继承编写鸿蒙 App 的 Java 类

继承是面向对象编程中非常强大的一种机制。继承就是子类继承父类的特征和行为，又具备子类自己的新特性。继承使得子类对象（实例）具有父类的实例域和方法，或者子类从父类继承方法，使得子类具有与父类相同的行为。

extends 关键字表示继承。A extends B 表示 A 继承 B，其中 A 是子类或扩展类，B 是父类或超类。

前面鸿蒙 App 的 MainAbility（见图 4-23）、MyApplication（见图 4-25）和 MainAbilitySlice（见图 4-26）3 个 Java 类都分别继承 Ability 类、AbilityPackage 类和 AbilitySlice 类。

```
package com.example.myfirstapplication;

import ohos.aafwk.ability.AbilityPackage;

public class MyApplication extends AbilityPackage {
    @Override
    public void onInitialize() { super.onInitialize(); }
}
```

图 4-25　MyApplication 类

Ability 类是鸿蒙 App 所具备能力的抽象，也是应用程序的重要组成部分。一个应用可以具备多种能力，即可以包含多个 Ability 类。HarmonyOS 支持应用以 Ability 类为单位进行部署。Ability 类可以分为 FA（Feature Ability）和 PA（Particle Ability）两种类型，其中

FA 通过 Page 模板提供与用户交互的能力，PA 通过 Service 和 Data 模板提供后台运行任务和统一的数据访问抽象的能力。

```
package com.example.myfirstapplication.slice;

import com.example.myfirstapplication.ResourceTable;
import ohos.aafwk.ability.AbilitySlice;
import ohos.aafwk.content.Intent;

public class MainAbilitySlice extends AbilitySlice {
    @Override
    public void onStart(Intent intent) {
        super.onStart(intent);
        super.setUIContent(ResourceTable.Layout_ability_main);
    }

    @Override
    public void onActive() { super.onActive(); }

    @Override
    public void onForeground(Intent intent) { super.onForeground(intent); }
}
```

图 4-26　MainAbilitySlice 类

Page 模板（以下简称 Page）是 FA 唯一支持的模板，用于提供与用户交互的能力。一个 Page 可以由一个或多个 AbilitySlice 类构成，其中 AbilitySlice 类是指应用的单个界面及其控制逻辑的总和。

HAP 是 Ability 类的部署包，鸿蒙 App 编译之后会生成一个 HAP 文件，类似于 Android 程序编译之后生成一个 APK 文件。AbilityPackage 类封装了用户用来初始化每个 HAP（HarmonyOS Ability Package）的功能。

鸿蒙 SDK 的 AbilitySlice 类、Ability 类和 AbilityPackage 类封装了最基本的功能。通过继承，MainAbilitySlice 类、MainAbility 类和 MyApplication 类在 AbilitySlice 类、Ability 类和 AbilityPackage 类的基础上，重新编写了相关方法，得到了个性化的应用程序界面、能力和初始化处理。

Java 的继承特性如下。

（1）子类拥有父类非 private 的属性、方法。

（2）子类可以拥有自己的属性和方法，即子类可以对父类进行扩展。

（3）子类可以用自己的方式实现父类的方法。

（4）Java 的继承是单继承，但是存在传递性。单继承就是一个子类只能继承一个父类，存在传递性，即子类也可以有自己的子类。例如，C 类继承 B 类，B 类继承 A 类，所以按照关系就是 C 的父类是 B，B 的父类是 A，即存在 A→B→C 这样的子类传递性。

（5）当实例化子类时会调用父类中的构造方法。

随堂测试

下列关于继承的描述，错误的是（　　　）。

A．Java 中的继承允许一个子类继承多个父类

B．父类更具有通用性，子类更具体

C. Java 中的继承存在着传递性

D. 当实例化子类时会调用父类中的构造方法

参考答案：A

4.4.3 通过覆盖实现 App 自身的业务逻辑

子类如果定义了一个与父类方法签名（方法名和参数列表的参数个数、参数类型和参数顺序）和返回值类型完全相同的方法，则被称为覆盖（Override）或重写。覆盖是子类获得个性化特性的一个重要手段。从图 4-23、图 4-25 和图 4-26 中可以看出 MainAbility 类、MyApplication 类和 MainAbilitySlice 类的方法都覆盖了父类的方法，覆盖的方法前面可以有@Override 注解。

- MainAbility 类覆盖 Ability 类的 onStart()方法以指定默认的能力切片，调用 Ability 类的 setMainRoute()方法指定此默认路由。
- MyApplication 类覆盖了 AbilityPackage 类的 onInitialize()方法，在其中初始化 App。
- MainAbilitySlice 类覆盖了 AbilitySlice 类的 onStart()方法，在其中调用 setUIContent() 方法来设置 UI。

需要注意的是，覆盖其实还需要满足方法访问修饰符"子 >=父"（这里指访问修饰符的范围，public>protected>private，为了便于理解，可以只考虑相同的情况），异常类"子 <= 父"（这里指子类方法抛出的异常必须与父类方法抛出的异常相同或是父类方法抛出的异常子类，为了便于理解，可以只考虑相同的情况）。

随堂测试

在 Java 中重写方法应遵循的规则包括（   ）。（多选）

A. 访问修饰符的限制一定要大于被重写方法的访问修饰符

B. 可以有不同的访问修饰符

C. 参数列表必须完全与被重写的方法相同

D. 必须具有不同的参数列表

参考答案：BC

4.4.4 掌握 super 和 this 关键字

super 关键字表示父类（超类）。在子类引用父类的成员变量时，可以用 super.fieldName。在子类中调用父类的方法时，可以用 super.methodName(参数列表)，前提是子类具有访问父类的相应方法和成员变量的权限。

从图 4-23、图 4-25 和图 4-26 中可以看出 MainAbility 类、MyApplication 类和 MainAbilitySlice 类的方法都在其中使用 super 关键字调用了父类的方法。需要注意的是，如果是构造方法，super()表示调用父类的构造方法，而且这条语句必须是构造方法的第一条语句，具体看 MainAbility 类的构造方法代码。

而 this 关键字则表示本类，在引用本类的字段时，可以用 this.fieldName。在调用本类的方法时，可以用 this.methodName(参数列表)。

随堂测试

下面代码的输出结果是（　　　）。

```
class Animal {
  void eat() {
    System.out.println("animal : eat");
  }
}

class Dog extends Animal {
  void eat() {
    System.out.println("dog : eat");
  }
  void eatTest() {
    this.eat();    // 使用 this 关键字调用自己的方法
    super.eat();   // 使用 super 关键字调用父类的方法
  }
}

public class Test {
  public static void main(String[] args) {
    Animal a = new Animal();
    a.eat();
    Dog d = new Dog();
    d.eatTest();
  }
}
```

A.　animal: eat

　　animal : eat

　　dog : eat

B.　animal : eat

　　dog : eat

　　animal : eat

C.　dog : eat

D.　animal: eat

参考答案：B

单元 5 开发一个可以交互的鸿蒙App

学习目标

- 掌握如何定义类的数据成员。
- 掌握如何定义方法。
- 掌握内部接口、内部类和匿名内部类的使用。
- 掌握使用事件监听机制实现图形用户界面（UI）。
- 掌握接口和抽象类。

5.1 任务描述

前面向导生成的鸿蒙App只能显示"你好，世界"，虽然功能简单，但是它提供了一个框架。本单元通过做相应修改，以便得到满足我们需求的App，即提供一个文本显示数字（开始为0）和一个"点击增加1"的按钮，单击一次按钮数字就递增，如图5-1所示。通过实战，让读者沉浸式地学习接口、抽象类、内部类和匿名内部类，理解图形用户界面常用的事件监听机制，掌握如何定义方法和实现接口。

图 5-1　App 运行效果

为了完成这个 App，我们按以下步骤完成。

第一步：使用向导创建项目得到程序框架。

第二步：在布局文件中搭建所见即所得的界面。

MainAbilitySlice 类的 onStart()方法在生命周期中只调用一次，通常在该方法中完成 UI 的初始化。比如，加载布局文件、获得界面组件并初始化界面、添加事件监听者。由于程序不同，获得界面组件并初始化界面，以及添加的事件监听者也不同，因此将它们独立出来作为两个方法。这就是我们第三步和第四步的任务。

第三步：添加 initiateUI()方法，获得界面组件对象并初始化界面。

第四步：实现事件监听者接口，编写处理交互的事件，并添加 addListener()方法。

第五步：在 Slice 类的 onStart()方法中初始化界面并添加事件监听者。

第一步的过程参照单元 4，自行完成，后面重点介绍第二步到第五步。

5.2　在布局文件中添加一个单击按钮

使用向导创建好项目后，找到 src\main\resources\base\layout\ability_main.xml 文件。该文件是鸿蒙 Java 程序的布局文件，在这个文件中可以完成界面的构建。

打开 src\main\resources\base\layout\ability_main.xml 文件，添加如下代码，为 App 界面增加一个按钮。

```
<Button
        ohos:id="$+id:button_ok"
        ohos:height="match_content"
        ohos:width="match_parent"
        ohos:text="点击增加 1"
        ohos:background_element="#CCCCCC"
        ohos:text_color="#ffffff"
        ohos:text_size="30vp"
        />
```

定义 MainAbilitySlice 类中 onStart()方法的代码。

```
public void onStart(Intent intent) {
        super.onStart(intent);
        super.setUIContent(ResourceTable.Layout_ability_main);
    }
```

"super.setUIContent(ResourceTable.Layout_ability_main);"语句中的 ResourceTable. Layout_ability_main 就是指资源文件中的 ability_main.xml 布局文件。这个命名是很有规律的，ResourceTable 就是指资源，Layout 就是指布局，分别对应项目源文件夹 src\main\ resources 及其子文件夹 layout。

随堂测试

如果使用 Java 开发鸿蒙 App，则创建 UI 可以通过（　　　）文件。

A. XML　　　　　　　B. HML　　　　　　C. HTML　　　　　　D. Java

参考答案：A

动手练习

在布局文件中添加一个单击按钮。

5.3　添加 initiateUI()方法获得界面组件对象并初始化界面

5.3.1　在 MainAbilitySlice 类中添加数据成员

因为按钮、文本对象和计数器（记录单击了多少次）需要在两个及以上的方法（后面定义的 initiateUI()方法和 addListener()方法）中使用，所以我们需要把它们定义成数据成员。

在 MainAbilitySlice.java 文件中添加如下代码，即为类添加 numText 数据成员和 okButton 数据成员，分别表示文本和按钮，并添加 count 数据成员表示计数值。

```
...
    import ohos.agp.components.Button;
    import ohos.agp.components.Component;
    import ohos.agp.components.Text;

    public class MainAbilitySlice extends AbilitySlice {
        private Text numText;
        private Button okButton;
        private int count=0;
...
```

Text 是用来显示字符串的组件，即在界面上显示为一块文本区域，对应该组件，鸿蒙提供了 ohos.agp.components.Text 类。

Button 表示按钮组件，对应该组件，鸿蒙提供了 ohos.agp.components.Button 类。

这里的 3 个数据成员不仅都被定义成实例变量（没有 static 修饰符），而且访问控制修饰符都被设置为 private（私有），表示它们只能被当前类的方法或者在语句块中访问。

Java 语言提供了很多修饰符，用来定义类、方法或变量，通常放在语句的最前方。修饰符主要分为以下两类。

• 访问修饰符：用来保护对类、变量、方法和构造方法的访问，就是定义可以访问的

70

代码范围。例如，private、protected、public 等，分别表示在同一类中可见、在同一包的类及子类中可见、对所有类可见。没有定义访问修饰符就表示在同一包中可见。以成员变量为例，类、方法和构造方法类似。有 private 修饰的成员变量就只能在当前类的方法或语句块中访问，有 protected 修饰的成员变量可以在同一包的类及子类的方法或语句块中访问，有 public 修饰的成员变量可以在所有类的方法或语句块中访问。

- 非访问修饰符：用来实现其他功能，如 static、final、abstract、synchronized 和 volatile 等。其中，static 用来定义静态方法和静态变量；final 用来修饰类、方法和变量，但 final 修饰的类不能被继承，修饰的方法不能被继承类重新定义，修饰的变量为常量，是不可修改的；abstract 用来创建抽象类和方法；synchronized 和 volatile 主要用于线程的编程。

随堂测试

要使某个类能被同一个包中的其他类访问，但不能被这个包以外的类访问，可以（　　）。

A．让该类不使用任何关键字　　　　　　B．使用 private 关键字
C．使用 protected 关键字　　　　　　　D．使用 void 关键字
参考答案：A

动手练习

在 AbilitySlice 类中添加 numText 数据成员和 okButton 数据成员，分别表示文本和按钮，添加 count 数据成员表示计数值。

5.3.2　在 Java 中定义方法的语法

在类中添加一个方法就是在类中定义一个方法。方法是类的成员，只能定义在类中。语法如下。

```
修饰符 返回值类型 方法名(参数列表){              //方法头
    ...
    方法体
    ...
    return 返回值;
}
```

方法包含一个方法头和一个方法体。下面详细介绍一个方法的所有部分。

- 修饰符：同数据成员一样，包括访问修饰符和非访问修饰符。
- 返回值类型：方法可能会返回值，此时方法体必须有"return 返回值;"语句，而且返回值的数据类型必须与方法头的返回值类型一致或兼容（能自动转换）。有些方法在执行所需的操作时，没有返回值。在这种情况下，方法体可以没有"return 返回值;"语句，或者只保留"return;"语句且返回值类型为 void 关键字。
- 方法名：方法的名称。方法名和参数列表共同构成方法签名。

- 参数列表：由 0 个（表示不包含任何参数）或多个由逗号隔开的参数的列表。参数由"参数类型 参数名"表示。参数像是一个占位符。当方法被调用时，传递值给参数。这个值被称为实参或变量。参数是可选的，方法可以不包含任何参数。
- 方法体：方法体包含具体的语句，可以定义该方法的功能。

随堂测试

在 Java 的 Demo 类中存在 func1()方法、func2()方法、func3()方法和 func4()方法，请问在下面代码中，哪些方法的定义是不合法的？（　　　　）（多选）

```java
public class Demo{
    float func1(){
        int i=1;
        return;
    }
    float func2(){
        short i=2;
        return i;
    }
    float func3(){
        long i=3;
        return i;
    }
    float func4(){
        double i=4;
        return i;
    }
}
```

A. func1()   B. func2()   C. func3()   D. func4()

参考答案：AD

5.3.3　添加 initiateUI()方法

在 MainAbilitySlice 类中添加 initiateUI()方法，获得文本和按钮对象，并设置文本为计数器的初值。具体代码如下。

```java
public void initiateUI(){
    numText = super.findComponentById(ResourceTable.Id_text_helloworld);
    okButton = super.findComponentById(ResourceTable.Id_button_ok);
    numText.setText(String.valueOf(count));
}
```

上述代码定义了一个名为 initiateUI 的方法，方法的参数列表为空，表示不需要参数。void 表示这个方法不需要返回值。由于这个方法有修饰符 public，因此这个方法可以在任何类的任何方法或语句块中使用。

我们再看看方法体里面的内容，这个方法体包含 3 条语句，具体如下。

前两条语句都通过 super 调用父类（AbilitySlice）的 findComponentById()方法，用于根据资源 ID 获得一个界面组件对象。我们知道 Id_text_helloworld 和 Id_button_ok 分别是文本和按钮的 ID，所以这两条语句分别获得 Text 文本对象和 Button 按钮对象。

最后一条语句则调用 Text 类的 setText()方法，用于设置显示的文本，这里用于显示计数值。setText()方法要求参数为 char 类型，由于计数值为 int 类型，因此这里通过调用 String 类的 valueOf()静态方法将 int 类型的参数转为字符串。String 类提供了多个将基本数据类型和 Object 类型转换成 char 类型的静态方法。

（1）String.valueOf(boolean b)：将 boolean 类型的 b 变量转换成字符串。

（2）String.valueOf(char c)：将 char 类型的 c 变量转换成字符串。

（3）String.valueOf(char[] data)：将 char 类型的 data 数组转换成字符串。

（4）String.valueOf(char[] data, int offset, int count)：在 char 类型的 data 数组中，从 data[offset]开始取 count 个元素并将其转换成字符串。

（5）String.valueOf(double d)：将 double 类型的 d 变量转换成字符串。

（6）String.valueOf(float f)：将 float 类型的 f 变量转换成字符串。

（7）String.valueOf(int i)：将 int 类型的 i 变量转换成字符串。

（8）String.valueOf(long l)：将 long 类型的 l 变量转换成字符串。

（9）String.valueOf(Object obj)：将 obj 对象转换成字符串。与 obj.toString()方法的方法名相同，但参数的数据类型不同，这也是一种重载的应用。

随堂测试

若定义 b 变量的语句为"boolean b=true;"，则 String.valueOf(b)方法的数据类型是（　　）。
A．boolean　　　　　　B．String　　　　　　C．true　　　　　　D．int
参考答案：B

动手练习

在 AbilitySlice 类中添加 initiateUI()方法，以便获得界面组件对象并初始化界面。

5.4　实现事件监听者接口处理交互

5.4.1　通过添加 addListener()方法来处理单击事件

在 MainAbilitySlice.java 文件中增加如下代码，为类添加 addListener()方法，以便处理单击事件。

```
...
    public void addListener(){
        okButton.setClickedListener(new HandleClickEvent());
```

```
    }

    private class HandleClickEvent implements Component.ClickedListener {
        @Override
        public void onClick(Component component) {
            count++;
            numText.setText(String.valueOf(count));

        }
    }
...
```

动手练习

在 AbilitySlice 类中添加 addListener()方法，以便处理单击事件。

5.4.2 事件监听者和接口

基于 Java 的鸿蒙 App 的交互和 Android 一样，是通过事件监听机制来完成的。"okButton.setClickedListener(new HandleClickEvent());"语句将 okButton 按钮单击事件的监听者对象设置为 HandleClickEvent 类的对象。监听者对象就是处理某事件（这里是单击事件）的对象。当事件（这里是单击"okButton"按钮）发生时，会自动调用事件监听者对象的方法，即调用 HandleClickEvent 类的 onClick()方法，让 count 值增加 1，并且将修改后的 count 值在文本区域显示出来。所以，设置事件监听者对象也被称为设置事件回调函数。

能够处理单击事件的监听者对象是一类特殊的对象，它们所属的类必须实现 Component.ClickedListener 接口。Component.ClickedListener 接口声明了一个 public void onClick(Component component)方法，语法如下。

```
interface ClickedListener{
    void onClick(Component component);//没有方法体
}
```

什么是接口呢？Java 的接口是一系列方法的声明，这些方法都没有方法体，即没有方法的实现，也被称为抽象方法。这些方法可以被不同的类实现，而这些类可以具有不同的行为（功能），即实现多态性。接口可以定义抽象方法和常量，但不能定义实例变量和非抽象方法。

一个类要实现接口需要如下操作。

（1）在类的声明中使用 implements 关键字，代码如下。

```
private class HandleClickEvent implements Component.ClickedListener
```

（2）重写接口中的所有方法。前面的代码就重写了 Component.ClickedListener 接口的 onClick(Component component)方法，代码如下。

```
        @Override
        public void onClick(Component component) {
```

```
        count++;
        numText.setText(String.valueOf(count));
    }
```

随堂测试

1. 下列关于 Java 接口的描述，错误的是（　　）。（多选）

    A. 接口可以定义抽象方法　　　　　　B. 接口可以定义实例变量

    C. 接口可以定义常量　　　　　　　　D. 接口可以定义非抽象方法

2. 下列关于 Java 接口的描述，错误的是（　　）。（多选）

    A. 接口中的方法都没有方法体

    B. 实现接口就是重写接口中的所有方法

    C. 实现接口就是重写接口中的一个方法

    D. 实现接口就是重写接口中的部分方法

参考答案：1. AC　2. AB

5.4.3 内部类和内部接口

在类里面定义的类和接口也被称为内部类和内部接口。

观察 5.4.2 节中的代码，我们会发现 HandleClickEvent 类是在 MainAbilitySlice 类里面定义的。使用内部类的最大好处是可以在内部类中使用外部类的成员。我们就在 HandleClickEvent 类的 onClick()方法中使用 count 数据成员和 numText 数据成员。

Component.ClickedListener 接口是在 ohos.agp.components.Component 类中定义的接口，也被称为内部接口。Component 类的源代码如下。

```
package ohos.agp.components;
...
public class Component{
...
    interface ClickedListener{
        void onClick(Component component);//没有方法体
    } //内部接口结束
    ...
}// Component 类结束
```

随堂测试

下列描述错误的是（　　）。

A. 类的内部类的方法不能访问类的成员

B. java.lang.Object 是所有 Java 类的根类

C. 如果一个类定义在另一个类中，则这个类就是内部类

D. 事件监听者对象必须是实现了某个事件监听接口的类的对象

参考答案：A

5.4.4　类的继承关系和 Object 根类

　　鸿蒙 Java UI 框架提供了一些常用的界面元素——组件。Component 类提供内容显示，是界面中所有组件的基类。开发者可以通过为 Component 类设置事件回调函数（或设置事件监听者对象）来创建一个可交互的组件。组件一般直接继承 Component 类或其子类，如 Text 类、Button 类等。Component 类是 Text 类的父类，Text 类又是 Button 类的父类。

　　java.lang.Object（以下简称 Object）是所有 Java 类的根类，如果一个类在定义时没有明确指出父类，则其父类就是 Object 类。

　　这些类的继承关系如图 5-2 所示。

```
java.lang.Object
|---ohos.agp.components.Component
|--|---ohos.agp.components.Text
|--|--|---ohos.agp.components.Button
```

图 5-2　Button 类、Text 类、Component 类和 Object 类的继承关系

随堂测试

　　1. java.lang.Object 类是 Java 语言中的根类。（　　　）

　　　　A. 正确　　　　　　　　　　　　　　　　　B. 错误

　　2. （　　　）是鸿蒙 Java UI 界面中所有组件的基类。

　　　　A. Object　　　　B. Component　　　　C. Text　　　　　D. Button

参考答案：1. A　2. B

5.5　在 AbilitySlice 类的 onStart()方法中调用方法初始化界面并添加事件监听者

5.5.1　在 onStart()方法中调用 initiateUI()方法和 addListener()方法

　　MainAbilitySlice 类的 onStart()方法在生命周期中只调用一次，并在该方法中完成 UI 的初始化。所以，我们需要在该方法中调用初始化界面的 initiateUI()方法和处理单击事件的 addListener()方法。

```
...
@Override
   public void onStart(Intent intent) {
       super.onStart(intent);
       super.setUIContent(ResourceTable.Layout_ability_main);
```

```
        initiateUI();
        addListener();
}
...
```

方法只是被定义是没有用的，必须被调用。MainAbilitySlice 类的 onStart()方法会在系统首次创建界面实例时被调用，而该方法又会调用 initiateUI()方法和 addListener()方法，从而产生我们需要的界面，并在用户单击按钮时修改数值。

随堂测试

下列描述正确的是（　　）。

A. 实例方法可直接调用父类的实例方法

B. 实例方法可直接调用父类的类方法

C. 实例方法可直接调用子类的实例方法

D. 实例方法可直接调用本类的实例方法

参考答案：D

动手练习

在 AbilitySlice 类的 onStart()方法中添加代码，以便通过调用 initiateUI()方法和 addListener() 方法来初始化界面并添加事件监听者。

5.5.2　重新启动模拟器并运行程序

重新启动 Wearable 远程模拟器，运行程序将得到图 5-1 左侧的界面，单击按钮 3 次得到右侧的界面。如果启动 P40 远程模拟器（见图 5-3），则重新运行程序并单击 4 次的界面如图 5-4 所示。

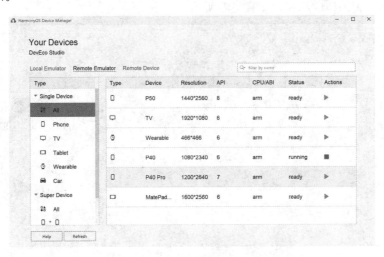

图 5-3　启动 P40 远程模拟器

图 5-4　重新运行程序并单击 4 次的界面

动手练习

　　重新启动模拟器并运行程序。

5.5.3　匿名内部类

　　还有一种定义内部类的方法，它不需要明确地定义这个类，而是在方法内部通过匿名类来定义。在定义匿名类时就必须实例化它。实例化类或接口就是生成一个类或接口的对象。

　　我们即使不定义 HandleClickEvent 内部类，也能够处理单击事件。首先注释掉 HandleClickEvent 内部类的代码，然后修改 handleClickEvent()方法的代码，最后重新启动程序，仍然可以得到同样的结果，如图 5-5 所示。

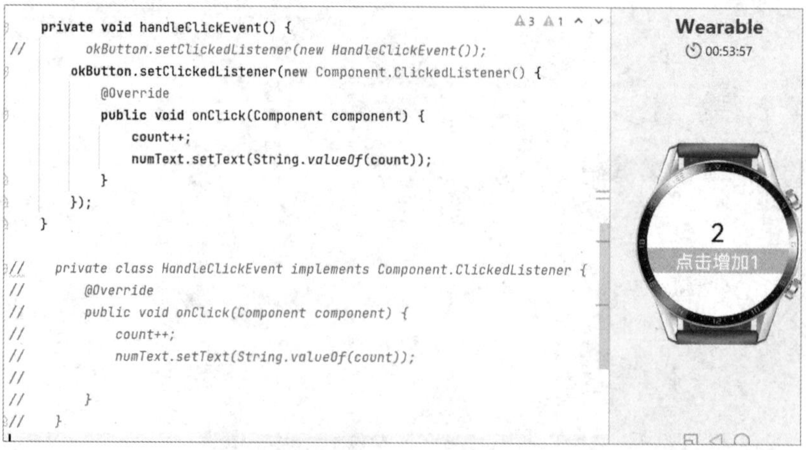

```java
    private void handleClickEvent() {                              ▲3 ▲1 ∧  ∨
//        okButton.setClickedListener(new HandleClickEvent());
        okButton.setClickedListener(new Component.ClickedListener() {
            @Override
            public void onClick(Component component) {
                count++;
                numText.setText(String.valueOf(count));
            }
        });

//    private class HandleClickEvent implements Component.ClickedListener {
//        @Override
//        public void onClick(Component component) {
//            count++;
//            numText.setText(String.valueOf(count));
//        }
//    }
```

图 5-5　使用匿名内部类实现事件监听者接口

修改代码，去掉 HandleClickEvent 内部类，使用匿名内部类处理单击事件。

5.6 掌握抽象类、接口和 Java 的单继承机制

如果一个类中有方法但没有方法体，则这个类就是抽象类。这个类在定义时必须有 abstract 关键字修饰，没有方法体的方法也必须有 abstract 关键字修饰，代码如下。

```
abstract class ClassName{
    public abstract void method1();
    public void method2(){}
}
```

上面的 method1()方法没有方法体，所以需要在前面加上 abstract 关键字修饰。因为这个类有没有方法体的方法，所以这个类是抽象类，在类名前也要有 abstract 关键字修饰。需要注意的是，method2()方法是有方法体的，虽然这个方法体里面一条语句也没有。

抽象类不能实例化，可以像 5.5.3 节的接口一样，用匿名内部类的方式来实例化，代码如下。

```
ClassName cn =new ClassName(){
    public void method1(){...}
};
```

显然抽象类和接口很像，为什么还要接口呢？因为 Java 类只支持单继承，即一个 Java 类只能继承一个父类，但是 Java 类可以通过实现接口拥有更多特性。

我们不用内部类，也不用匿名内部类，能不能得到同样的结果呢？外部类作为事件监听者必须能访问类的 okButton 数据成员和 count 数据成员，但比较麻烦。那么 MainAbilitySlice 类是不是可以作为单击事件的监听者呢？我们可以修改 MainAbilitySlice 类实现 Component.ClickedListener 接口，让自己成为单击事件的监听者，修改 MainAbilitySlice 类的代码如下。

```
...
//声明实现 Component.ClickedListener 接口
public   class   MainAbilitySlice   extends   AbilitySlice   implements
Component.ClickedListener{
    // 实现 Component.ClickedListener 接口的 onClick()方法
    @Override
    public void onClick(Component component) {
        count++; //让 count 值递增
        numText.setText(String.valueOf(count));//更新显示新的 count 值
    }
```

```
//修改 addListener()方法，将设置的 this 类（本类）作为单击事件监听者
public void addListener(){
    okButton.setClickedListener(this);
}
...
}
```

代码修改后，重新启动程序，仍然可以得到同样的结果。

随堂测试

1. 对于使用 abstract 关键字声明的类，下列描述正确的是（　　　）。
   A. 可以实例化　　　　　　　　　　　　B. 不可以被继承
   C. 子类为 abstract　　　　　　　　　　D. 只能被继承
   E. 可以被抽象类继承

2. 关于 Java 抽象类和接口的区别，下列描述错误的是（　　　）。
   A. 接口是公开的，里面不能有私有的方法或变量，是为了让别人使用的，而抽象类是可以有私有方法或私有变量的
   B. abstract class 在 Java 语言中表示的是一种继承关系，一个类只能使用一次继承关系。但是，一个类却可以实现多个 interface，实现多重继承。接口还有标识（里面没有任何方法，如 Remote 接口）和数据共享（里面的变量全是常量）的作用
   C. 在 abstract class 中可以有自己的数据成员，也可以有非 abstract 的成员方法，而在 interface 中，只能有静态的不能被修改的数据成员（必须是 static final 的，不过在 interface 中一般不定义数据成员），所有的成员方法默认都是 public abstract 类型的
   D. abstract class 和 interface 所反映出的设计理念不同。其实 abstract class 表示的是 "has-a" 关系，interface 表示的是 "is-a" 关系

参考答案：1. E　2. D

动手练习

修改代码，将 MainAbilitySlice 类作为单击事件的监听者，实现同样的功能。

阶段测试：Java 面向对象测试

一、判断题

1. 鸿蒙 App 可以在任何平台上运行。　　　　　　　　　　　　　（　　　）
2. 鸿蒙 App 只能用 Java 语言来开发。　　　　　　　　　　　　　（　　　）

3．鸿蒙开发环境 DevEco Studio 的 OpenHarmony SDK 和 HarmonyOS SDK 能够安装在同一路径下。　　　　　　　　　　　　　　　　　　　　　　　　　（　　）

4．基于 Java 的鸿蒙 App 的交互和 Android 一样，都是通过事件监听机制来完成的。
　　　　　　　　　　　　　　　　　　　　　　　　　　　　　　　　　　（　　）

5．重载发生在父类和子类的成员之间，覆盖发生在同一个类的同名方法之间。
　　　　　　　　　　　　　　　　　　　　　　　　　　　　　　　　　　（　　）

6．采用匿名内部类的方式可以生成接口或抽象类的对象。　　　　　　（　　）

7．this 关键字表示本类，super 关键字表示父类。　　　　　　　　（　　）

8．子类可以拥有父类所有的成员变量和方法。　　　　　　　　　　　（　　）

9．子类可以拥有自己的属性和方法，即子类可以对父类进行扩展。　　（　　）

10．extends 关键字表示继承，使用 implements 关键字可以变相地使 Java 具有多继承的特性。　　　　　　　　　　　　　　　　　　　　　　　　　　　　　　（　　）

二、选择题

1．下面代码的运行结果是（　　　　）。

```
public class TestObj{
    public static void main(String[] args){
        Object o=new Object(){
            public boolean equals(Object obj){
                return true;
            }
        };
        System.out.println(o.equals("Fred"));
    }
}
```

A．运行时抛出异常　　　　　　　　　　B．true

C．Fred　　　　　　　　　　　　　　　D．第三行编译错误

2．将下面程序中的【代码】替换为（　　　　）不会导致编译错误。

```
interface Com{
    int M=200;
    int f();
}
class ImpCom implements Com{
    【代码】
}
```

A．public int f(){return 100+M;}　　　　B．int f(){return 100;}

C．public double f(){return 2.6;}　　　　D．public abstract int f();

3．下列描述错误的是（　　　　）。

A．一个 Java 类只能有一个父类

B. 一个 Java 类可以实现多个接口

C. 如果一个 Java 类包含没有方法体的方法，则该类就是抽象类

D. 接口不能实例化，抽象类可以

4. （　　）放在 point X 这里可以正确执行。

```
//point X
public class Foo {
    public static void main(String[] args) throws Exception {
        PrintWriter out = new PrintWriter(
                new java.io.OutputStreamWriter(System.out), true);
        out.println("Hello");
    }
}
```

A. import java.io.PrintWriter;　　　　　　B. include java.io.PrintWriter;

C. import java.io.OutputStreamWriter;　　D. include java.io.OutputStreamWriter;

5. 将类的成员的访问权限设置为默认的，则该成员能被（　　）。

A. 同一包中的类访问　　　　　　B. 其他包中的类访问

C. 所有的类访问　　　　　　　　D. 所有的类的子类访问

6. 下面代码的输出结果是（　　）。

```
public class ZeroTest {
    public static void main(String[] args) {
     try{
       int i = 100 / 0;
       System.out.print(i);
       }catch(Exception e){
       System.out.print(1);
       throw new RuntimeException();
       }finally{
       System.out.print(2);
       }
       System.out.print(3);
     }
 }
```

A. 1　　　　　　　　B. 12　　　　　　　　C. 123　　　　　　　　D. 3

7. 下面代码的输出结果是（　　）。

```
package algorithms.com.guan.javajicu;
public class Inc {
    public static void main(String[] args) {
    Inc inc = new Inc();
    int i = 0;
    inc.fermin(i);
    i= i ++;
```

```
        System.out.println(i);


    }
    void fermin(int i){
        i++;
    }
}
```

  A. 0　　　　　　　　B. 1　　　　　　　　C. 2　　　　　　　　D. 3

8. 在运行时，由 Java 解释器自动引入，而不用 import 语句引入的包是（　　）。

  A. java.lang　　　　B. java.system　　　　C. java.io　　　　D. java.util

9. 下面代码的输出结果是（　　）。

```
class C {
    C() {
        System.out.print("C");
    }
}


class A {
    C c = new C();

    A() {
        this("A");
        System.out.print("A");
    }

    A(String s) {
        System.out.print(s);
    }
}

class Test extends A {
    Test() {
        super("B");
        System.out.print("B");
    }

    public static void main(String[] args) {
        new Test();
    }
}
```

  A. java.lang　　　　B. java.system　　　　C. java.io　　　　D. java.util

三、编程题

输入两个字符串 a 和 b，字符串内容为二进制数，求两个字符串相加的结果，加法计算方法以二进制方式计算，并返回对应的字符串结果。

解法一：使用可变字符串类 StringBuffer

预备知识：StringBuffer 类

StringBuffer 是 Java 中一个可变的字符串类，用于处理字符串的操作。与 String 类不同，StringBuffer 类可以在已有的字符串上进行修改，而不需要创建新的字符串对象。下面是 StringBuffer 类的一些常用方法。

- append(String str)：将指定字符串追加到此字符串缓冲区的末尾。
- insert(int offset, String str)：将指定字符串插入此字符串缓冲区的指定位置。
- delete(int start, int end)：删除此字符串缓冲区中的字符子序列。
- replace(int start, int end, String str)：使用指定的字符串替换此字符串缓冲区中指定的字符子序列。
- reverse()：将此字符串缓冲区中的字符序列反转。

另外，StringBuffer 类还有一些其他的方法。例如，capacity()方法返回当前缓冲区的容量，length()方法返回当前缓冲区的长度等。

需要注意的是，由于 StringBuffer 类是线程安全的，因此在多线程的环境中使用 StringBuffer 类可能会对性能产生一定的影响。如果不需要在多线程环境下使用，则可以使用 StringBuilder 类，虽然 StringBuilder 类与 StringBuffer 类的使用方法相同，但是 StringBuilder 类不保证线程安全。

```java
import java.util.*;
//二进制数的加法
public class Main3 {
    public static void main(String[] args){
        Scanner sca = new Scanner(System.in);
        String[] str = sca.nextLine().split(" ");
        String a = str[0];
        String b = str[1];
        System.out.println(addBinary(a,b));
    }
  public static String addBinary(String a, String b) {
        StringBuilder sb = new StringBuilder();
        int aLen = a.length();
        int bLen = b.length();
        int max = Math.max(aLen, bLen);
        //反转，因为两个数从低位开始相加
        StringBuilder ar = new StringBuilder(a).reverse();
        StringBuilder br = new StringBuilder(b).reverse();
```

```
            boolean isCarry = false;//是否进位
            for (int i = 0; i < max; i++) {
                char aChar = i >= aLeng ? '0' : ar.charAt(i);
                char bChar = i >= bLen ? '0' : br.charAt(i);
                if (aChar == '1' && bChar == '1') {
                    sb.append(isCarry ? '1' : '0');
                    isCarry = true;
                } else if (aChar == '0' && bChar == '0') {
                    sb.append(isCarry ? '1' : '0');
                    isCarry = false;
                } else {
                    sb.append(isCarry ? '0' : '1');
                }
            }
            if (isCarry) sb.append("1");
            return sb.reverse().toString();
        }
    }
```

解法二: 巧用 Integer 包装类的方法

预备知识:

Java 中的包装类是用来将基本数据类型转换成对象的类。它们提供了一些方法,可以使基本数据类型像对象一样进行操作和传递。Integer 是一个包装类,用于将基本数据类型 int 封装为一个对象,使其具有对象的特性。下面是一些 Integer 类的常用方法。

- intValue(): 将 Integer 对象转换为 int 值。
- parseInt(String s): 将字符串解析为 int 值。
- toString(): 返回 Integer 对象的字符串表示。
- valueOf(int i): 返回指定 int 值的 Integer 对象。
- compareTo(Integer anotherInteger): 比较两个 Integer 对象的值。
- equals(Object obj): 比较 Integer 对象与指定对象的值是否相等。
- hashCode(): 返回 Integer 对象的哈希码值。

除了以上的方法,Integer 类还有许多其他的方法,如 bitCount()、numberOfLeadingZeros()、reverse()等。

需要注意的是,由于 Integer 是一个对象,因此在进行比较时应该使用 equals()方法,而不能使用 "==" 运算符。此外,当需要对 int 类型进行一些对象操作时,可以使用 Integer 类来实现,如将 int 类型存入 List 或 Map 等集合中。

Java 中的 8 种基本数据类型分别为 byte、short、int、long、float、double、char 和 boolean,并且每一种基本数据类型都对应着一个包装类,分别为 Byte、Short、Integer、Long、Float、Double、Character 和 Boolean。Java 还提供了一个通用的 Number 类,是所有数值类型的父

类，其子类包括 Byte、Short、Integer、Long、Float 和 Double。

```
import java.util.*;

public class AddBinary {
    public static void main(String[] args) {
        Scanner scanner = new Scanner(System.in);
        String str1 = scanner.next();
        String str2 = scanner.next();
        System.out.println(Integer.toBinaryString(Integer.valueOf(str1, 2)
+ Integer.valueOf(str2, 2)));
    }
}
```

第三部分

实现多人聊天室系统

单元 6 准备开发环境

学习目标

- 掌握 Maven 的概念及其下载与安装，以及在 IDEA 中的配置。
- 掌握 Git 的概念及其下载与安装，以及在 IDEA 中的配置。

6.1 任务描述

在 Java 软件开发过程中，项目管理和版本管理都很重要。我们在开发多人聊天室系统时，项目管理使用 Maven，版本管理使用 Git。本单元主要介绍 Maven 与 Git 的概念及其下载与安装，以及如何在 IDEA 中进行配置。

6.2 掌握 Maven 的基本使用方法

6.2.1 了解什么是 Maven

Maven 是一个用 Java 开发的项目管理和构建工具。通俗来讲，Maven 就是一个包管理工具，不仅可以用于包管理，还有许多插件，可以支持整个项目的编译、清理、测试、打包、部署等一系列行为。

Maven 使用约定优于配置的原则，因此创建项目时要按照约定的目录结构。Maven 项目常用的目录结构及文件如表 6-1 所示。其中，pom.xml 是 Maven 项目的配置文件，src/main/java 是存放 Java 源文件的目录，src/main/resources 是存放资源文件的目录，src/test/java 是存放测试源代码的目录，src/test/resources 是存放测试资源文件的目录。图 6-1 所示为后面章节创建的 Maven 项目 sendmailandsms 的目录结构。其中，target 目录用于存放所有编译、打包生成的文件。根据项目不同，还可能有 src/main/webapp 等其他目录结构。

表 6-1　Maven 项目常用的目录结构及文件

目录及文件	说明
pom.xml	Maven 项目的配置文件，包含了项目的各种配置信息。Maven 使用这些信息构建项目
src/main/java	Java 源文件目录
src/main/resources	资源文件目录
src/main/filters	过滤器目录
src/main/webapp	Web 应用程序主目录
src/test/java	测试源代码目录
src/test/resources	测试资源文件目录
src/test/filters	测试过滤器目录
LICENSE.txt	项目许可文件
NOTICE.txt	项目注意事项文件
README.txt	项目的 readme 文件

图 6-1　Maven 项目 sendmailandsms 的目录结构

　　我们会发现 Maven 项目的目录结构中并没有 lib 这个存放项目依赖的 JAR 包的目录，这是因为 Maven 项目依赖的开发包和插件存在于本地仓库中，在项目进行编译、清理、测试、打包、部署时可从本地仓库中获取。本地仓库可以被多个 Java 项目共享，所以不会占用当前项目的空间保存项目依赖的 JAR 包。

　　Maven 基于 POM（Project Object Model，项目对象模型）。POM 是一个 XML 文件，包含了项目的基本信息，用于描述项目如何构建、声明项目依赖等。在执行任务或目标时，Maven 会在当前目录中查找 POM。首先通过读取 POM，获取所需的配置信息，然后执行目标。

　　pom.xml 文件是 Maven 项目的重要文件，在其中可以指定以下配置。

- 项目依赖。
- 插件。
- 执行目标。
- 构建项目的 profile。

- 项目版本。
- 项目开发者列表。
- 相关邮件列表信息。

所有 POM 文件都需要定义 project 根节点和 3 个必要的子节点[groupId、artifactId、version，这 3 个子节点用来定义公司（或者组织）的 ID、项目的 ID 和版本号等项目基本信息]，并且需要使用 modelVersion 节点将模型版本号定义为 4.0。

下面是 sendmailandsms 项目的 pom.xml 文件的内容，在 <dependencies> 与 </dependencies>之间有两个<dependency>子节点，分别定义了 dysmsapi20170525 和 JUnit 两个项目依赖的 JAR 包，分别用来实现短信发送和单元测试。其中，modelVersion、groupId、artifactId 和 version 节点主要用来定义模型版本号、公司（或者组织）的 ID、项目的 ID 和版本号等项目基本信息。

```xml
<?xml version="1.0" encoding="UTF-8"?>
<project xmlns="http://maven.apache.org/POM/4.0.0"
        xmlns:xsi="http://www.w3.org/2001/XMLSchema-instance"
        xsi:schemaLocation="http://maven.apache.org/POM/4.0.0
http://maven.apache.org/xsd/maven-4.0.0.xsd">

    <modelVersion>4.0.0</modelVersion>
    <groupId>org.example</groupId>
    <artifactId>sendmailandsms</artifactId>
    <version>1.0-SNAPSHOT</version>

<dependencies>
    <dependency>
        <groupId>com.aliyun</groupId>
        <artifactId>dysmsapi20170525</artifactId>
        <version>2.0.7</version>
    </dependency>
    <dependency>
        <groupId>junit</groupId>
        <artifactId>junit</artifactId>
        <version>4.12</version>
        <scope>compile</scope>
    </dependency>
</dependencies>
</project>
```

随堂测试

1. 关于 Maven，下列描述正确的是（　　　）。

    A. 它是一个用 Java 开发的项目管理和构建工具

    B. 它使用 pom.xml 文件，包含有关项目的信息，以及 Maven 用于构建项目各种配

置的详细信息

C.　Maven 是依赖包管理工具，通过插件带有一定的构建能力

D.　以上都是

2.　pom.xml 文件中存在下列哪个配置元素？（　　　）

A.　项目依赖　　　　B.　插件　　　　　C.　执行目标　　　　D.　以上都是

参考答案：1.　D　2.　D

6.2.2　下载并安装 Maven

Maven 可以从其官网下载。下载、安装后还需要配置环境变量。需要注意的是，Maven 是一个采用纯 Java 编写的开源项目管理工具，所以安装 Maven 前必须先安装 Java 开发工具包（Java Development Kit，以下简称 JDK）。

安装 Maven 分为以下六步。

- 第一步：下载、安装 JDK 并添加 JAVA_HOME 环境变量。
- 第二步：在 Path 环境变量中添加%JAVA_HOME%\bin。
- 第三步：验证 Java 安装。
- 第四步：下载、安装 Maven 并添加 MAVEN_HOME 环境变量。
- 第五步：在 Path 环境变量中添加%MAVEN_HOME%\bin。
- 第六步：验证 Maven 安装。

如果已经安装好并配置好了 JDK，则可以省略第一步到第三步。第一步到第三步的具体操作见 1.3.2 节。下面介绍第四步到第六步。

第四步：下载、安装 Maven 并添加 MAVEN_HOME 环境变量。从 Maven 官网下载 Maven（本书采用的版本号是 3.6.3），注意下载 apache-maven-3.X.X-bin.zip，将其解压缩即可完成安装。

新建 MAVEN_HOME 环境变量，并将其值设置为 Maven 安装路径，具体操作与新建 JAVA_HOME 环境变量类似。图 6-2 所示为配置好的 MAVEN_HOME 环境变量（这里将 Maven 解压缩到 C:\apache-maven-3.6.3 目录中）。

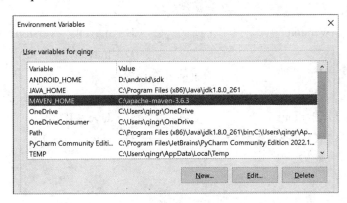

图 6-2　配置好的 MAVEN_HOME 环境变量

第五步：在 Path 环境变量中添加%MAVEN_HOME%\bin。

图 6-3 所示为在 Path 环境变量中添加%MAVEN_HOME%\bin。如果是 Windows 10 之前的操作系统，则直接在 Path 环境变量的值后面添加“;%MAVEN_HOME%\bin”即可（前面的“;”英文符号不能省略）。

Edit environment variable
%JAVA_HOME%\bin
C:\Users\qingr\AppData\Local\Microsoft\WindowsApps
C:\Users\qingr\AppData\Local\GitHubDesktop\bin
C:\mysql-8.0.19-winx64\bin
%MAVEN_HOME%\bin
New
Edit

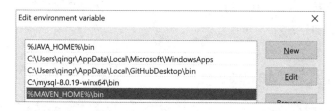

图 6-3 在 Path 环境变量中添加%MAVEN_HOME%\bin

第六步：验证 Maven 安装。

重新执行 cmd 命令，在弹出的命令提示符窗口中执行 mvn –version 命令，如果显示 Maven 安装的版本，则表示 Maven 安装并配置环境变量成功，如图 6-4 所示。

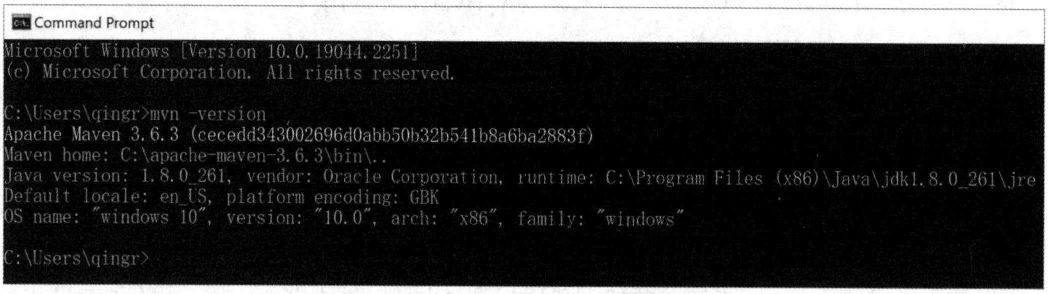

Command Prompt
Microsoft Windows [Version 10.0.19044.2251]
(c) Microsoft Corporation. All rights reserved.
C:\Users\qingr>mvn -version
Apache Maven 3.6.3 (cecedd343002696d0abb50b32b541b8a6ba2883f)
Maven home: C:\apache-maven-3.6.3\bin\..
Java version: 1.8.0_261, vendor: Oracle Corporation, runtime: C:\Program Files (x86)\Java\jdk1.8.0_261\jre
Default locale: en_US, platform encoding: GBK
OS name: "windows 10", version: "10.0", arch: "x86", family: "windows"
C:\Users\qingr>

图 6-4 Maven 安装并配置环境变量成功

随堂测试

1. 下列哪个命令可以显示 Maven 的版本从而验证 Maven 是否安装并配置环境变量成功？（　　）。

A. mvn –version　　B. maven –version

C. mvn -v　　D. maven -v

2. Maven 是一个采用纯________编写的开源项目管理工具，所以安装 Maven 前必须先安装________。下列选项正确的是（　　）。

A. Python，Python　　B. Java，JDK

C. C 语言，C 语言运行环境　　D. Java，Java EE

参考答案：1. A 2. B

动手练习

下载并安装 Maven。

6.2.3 配置 Maven 的本地仓库位置和中央仓库镜像

在 Maven 中，任何一个依赖或插件都可以称为构件。Maven 仓库能帮助我们管理构件（主要是 JAR），这是因为它就是放置所有 JAR 文件（如 WAR、ZIP、POM 文件等）的地方。Maven 仓库有以下 3 种类型。

- 本地仓库：用户自己计算机上的仓库。
- 中央仓库：Maven 公司提供的最大的仓库。
- 远程仓库：开发人员自己定制的仓库，包含了所需要的代码库或者其他项目中用到的 JAR 文件。

Maven 在运行时所需的任何构件都是直接从本地仓库中获取的。如果本地仓库中没有，则会首先尝试从中央仓库下载构件至本地仓库，然后使用本地仓库的构件。使用 Maven 最直接的好处就是，统一管理了 JAR 包及 JAR 包之间依赖维护，为用户省去了到各个网站下载所需 JAR 包的过程。

Maven 本地仓库在安装 Maven 后并不会被创建，而是在第一次运行任何 maven 命令时创建的。本地仓库的默认位置是%USER_HOME% /.m2/repository/，其中%USER_HOME%表示用户的主目录，我们可以在 Maven 配置文件（%MAVEN_HOME%/conf/settings.xml，这里%MAVEN_HOME%表示 Maven 的安装目录，注意与 Maven 项目的 pom.xml 配置文件区分）中重新设置本地仓库的位置。下面的代码是修改 settings.xml 文件中<localRepository>和</localRepository>之间的内容，并将本地仓库的位置设置为 E:\repository\maven\repo。

```
<localRepository> E:\repository\maven\repo</localRepository>
```

如果 E:\repository\maven\repo 目录不存在，则 Maven 会自动创建该目录。

Maven 默认的中央仓库在国外，国内使用难免很慢，因此我们可以更换为阿里云的仓库，只要在%MAVEN_HOME%/conf/settings.xml 文件中设置中央仓库的镜像即可。下面的代码是在 settings.xml 文件的<mirrors></mirrors>中添加 mirror 子节点，并将阿里的 Maven 仓库设置为中央仓库的镜像。

```
<mirrors>
 <mirror>
     <id>aliyun-maven</id>
     <mirrorOf>central</mirrorOf>
     <name>aliyun maven mirror</name>
     <url>https://maven.aliyun.com/repository/central</url>
 </mirror>
</mirrors>
```

代码中的 id、mirrorOf、name 和 url 子节点值的设置，可以参照阿里云 Maven 中央仓库配置指南,其中 name 节点值可以自行定义。

如果 Maven 在中央仓库中也找不到依赖的文件,则会停止构建过程并输出错误信息到控制台。为避免这种情况,Maven 提供了远程仓库的概念,是开发人员自己定制的仓库,里面包含了所需的代码库或者其他项目中需要用到的 JAR 文件。

随堂测试

关于 Maven 本地仓库,下列哪个选项是正确的?(　　　)

A. Maven 本地仓库是计算机上的文件夹位置

B. 在第一次运行任何 maven 命令时会创建它

C. Maven 本地仓库保存用户项目需要的所有构件(如依赖的 JAR 包、插件等)

D. 以上所有都对

参考答案:D

动手练习

配置 Maven 的本地仓库位置和中央仓库镜像。

6.2.4　mvn 命令的使用

我们挑选 4 个 mvn 命令试用一下,这 4 个 mvn 命令及说明如表 6-2 所示。

表 6-2　mvn 命令及说明

mvn 命令	说明
mvn archetype:generate	创建 Maven 项目
mvn compile	编译源代码
mvn clean	清空生成的文件
mvn package	打包项目,生成 target 目录,编译、测试代码,生成测试报告,生成 JAR/WAR 文件

1. 使用 mvn archetype:generate 命令创建一个普通 Java 项目 mavendemo

步骤 1:打开命令提示符窗口,切换到 test 目录,执行 mvn archetype:generate 命令。

步骤 2:选择需要创建的模板,默认值为 7(普通 Java 项目)、10(javaweb 项目),这里选择默认值,如图 6-5 所示。

步骤 3:输入 groupId、artifactId、version 三要素及 package,如图 6-6 所示。

步骤 4:按 Enter 键后,即可创建完成。

创建成功后,会在当前目录下生成一个 mavendemo 目录。用 IDEA 打开 D:\test\mavendemo 目录,会发现已经创建好了一个 mavendemo 的项目。打开该项目的 pom.xml 文件,可以发现已经添加了 JUnit 依赖,即 Maven 已经添加了 JUnit 作为测试框架,而且已经添加了一个源代码文件 D:\test\mavendemo\src\main\java\cn.edu.sziit\App 和一个测试文件 D:\test\mavendemo\src\test\java\cn.edu.sziit\AppTest，如图 6-7 所示。

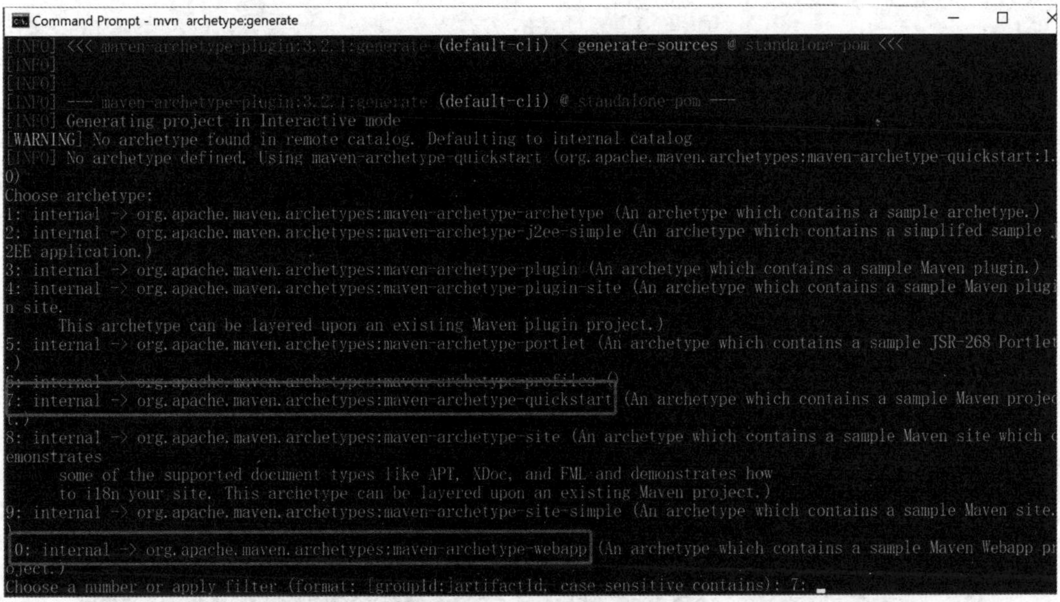

图 6-5　选择创建项目的模板

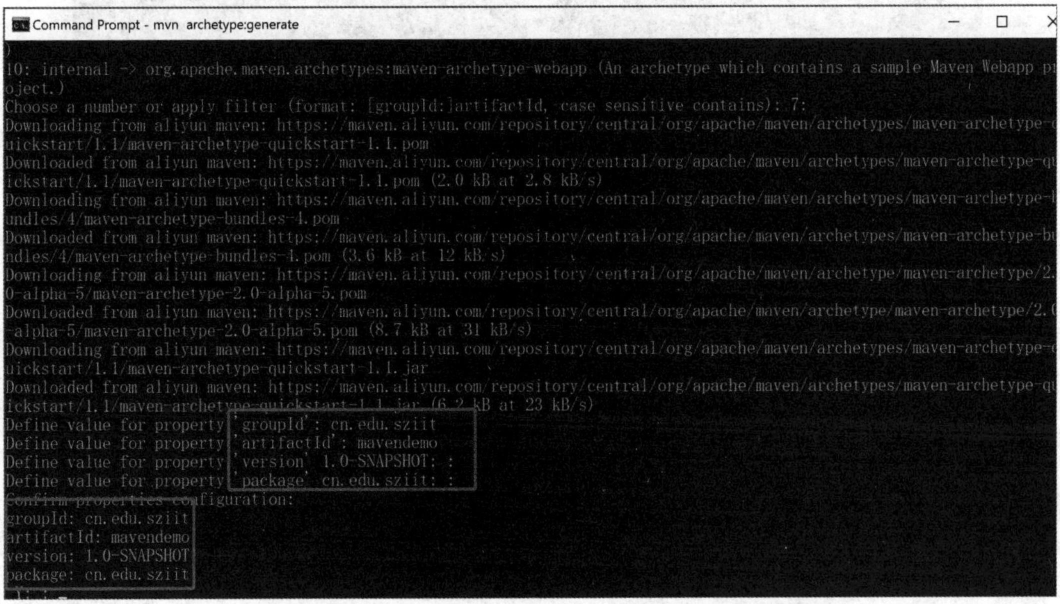

图 6-6　输入 groupId、artifactId、version 三要素及 package

2. 使用 mvn compile 命令编译项目

在命令提示符窗口中，执行 mvn compile 命令，如图 6-8 所示，会生成一个 target 目录，并且生成 D:\test\mavendemo\target\classes\cn\edu\sziit\App.class 文件，如图 6-9 所示。

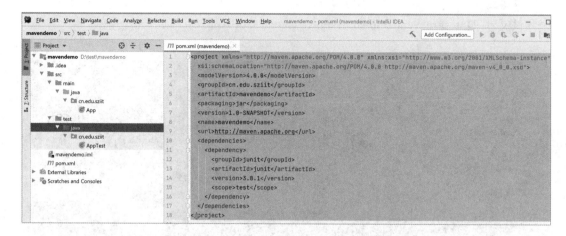

图 6-7　使用 mvn 命令创建 mavendemo 项目的结构

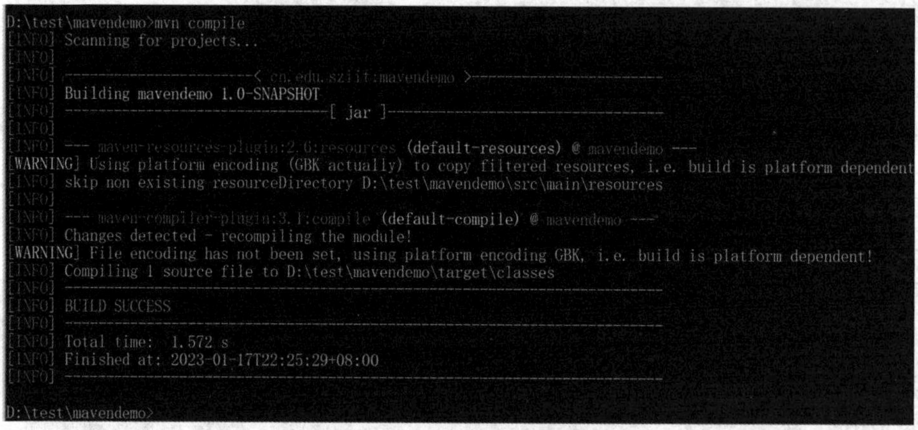

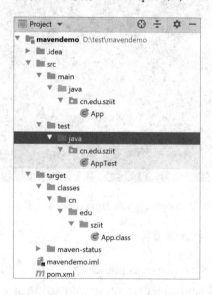

图 6-8　执行 mvn compile 命令

图 6-9　使用 mvn compile 命令编译项目的结果

3. 使用 mvn clean 命令清空生成的文件

在命令提示符窗口中，执行 mvn clean 命令，会发现 mvn compile 命令生成的文件被全部删除了，如图 6-10 所示。

```
D:\test\mavendemo>mvn clean
[INFO] Scanning for projects...
[INFO]
[INFO] ----------------< cn.edu.sziit:mavendemo >----------------
[INFO] Building mavendemo 1.0-SNAPSHOT
[INFO] --------------------------------[ jar ]--------------------------------
[INFO]
[INFO] --- maven-clean-plugin:2.5:clean (default-clean) @ mavendemo ---
[INFO]
[INFO] ------------------------------------------------------------------------
[INFO] BUILD SUCCESS
[INFO] ------------------------------------------------------------------------
[INFO] Total time:  0.276 s
[INFO] Finished at: 2023-01-17T22:46:46+08:00
[INFO] ------------------------------------------------------------------------
```

图 6-10　使用 mvn clean 命令清空项目

4. 使用 mvn package 命令打包项目

在命令提示符窗口中，执行 mvn package 命令，会生成比 mvn compile 命令更多的目录和文件，如图 6-11 所示。

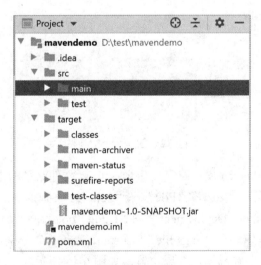

图 6-11　使用 mvn package 命令打包项目的结果

【动手练习】

1. 使用 mvn archetype:generate 命令创建一个普通 Java 项目 mavendemo。
2. 使用 mvn compile 命令编译 mavendemo 项目，查看项目 target 目录的变化。
3. 使用 mvn clean 命令清空生成的文件，查看项目 target 目录的变化。
4. 使用 mvn package 命令打包项目，查看项目 target 目录的变化。

6.2.5　在 IDEA 中配置全局 Maven

虽然 IDEA 自带 Maven，但是我们通常还是习惯通过配置来使用自己安装的 Maven，即通过配置设置本地 Maven 安装路径、本地 Setting 文件路径和本地仓库位置。

第一步：创建一个空项目。

打开 IDEA，在欢迎界面中选择"Create New Project"选项，在打开的界面右侧选择"Empty Project"选项，即可创建一个空项目，如图 6-12 所示。单击"Next"按钮，输入名称"firstdemo"，单击"Finish"按钮，在打开的界面中单击"OK"按钮。

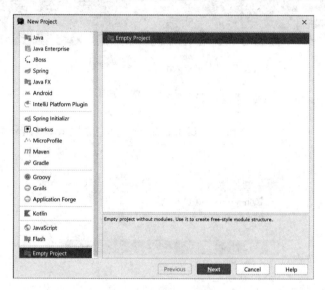

图 6-12　创建一个空项目

第二步：设置本地 Maven 安装路径、本地 Setting 文件路径和本地仓库位置。

在 firstdemo 项目界面中，选择"File"→"Settings"选项，在弹出的"Settings"对话框中选择"Build, Execution, Deployment"→"Build Tools"→"Maven"选项。将右侧的"Maven home directory""User settings file""Local repository"分别设置为本地 Maven 安装路径、本地 Setting 文件路径和本地仓库位置，如图 6-13 所示。

随堂测试

下列说法错误的是（　　　）。

A. 在 IDEA 中，可以通过配置来使用我们自己在外部安装的 Maven

B. IDEA 可以不配置 Maven

C. 在 IDEA 中，可以通过配置设置本地 Maven 安装路径、Setting 文件路径和本地仓库位置

D. IDEA 没有自带 Maven

参考答案：D

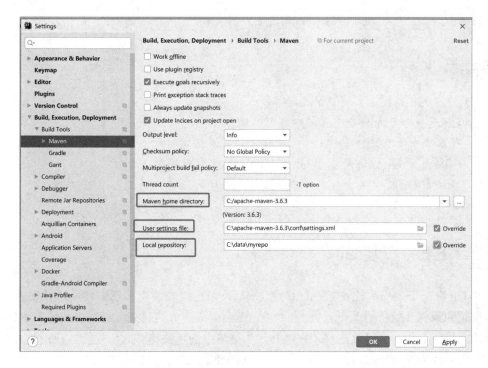

图 6-13　配置 Maven

动手练习

在 IDEA 中配置全局 Maven。

6.3　掌握 Git 的基本使用方法

6.3.1　了解什么是 Git

Git 是一个开源的分布式版本控制系统。它到底有什么作用？比如，当你在本地写好一个程序时，发现有些地方需要修改，但是当你完成修改时发现还是原来的好，这时如果修改得比较多就麻烦了。如果使用 Git，则可以在修改前向版本库提交一个版本，以后需要哪个版本，只需在版本库中恢复一下即可。为了便于版本查找，在提交每个版本时都会强制同时提交关于此版本的特点与说明，通常会标明该版本相对于前一个版本做了什么工作。

版本库也被称为仓库（Repository），可以被简单地理解成一个目录（存放好多版本的目录），目录里所有文件都被 Git 管理起来，每个文件的修改、删除，Git 都会跟踪，以便在任何时候都可以追踪历史或者在将来某一时刻可以还原修改。

为了方便团队开发，我们通常将代码托管到云平台上（云端的仓库），其中 GitHub 和 Gitee（也被称为码云）都是基于 Git 实现的云端的代码托管平台，区别是一个在国内，一个在国外。如果要做开源，则建议托管在 GitHub 上，并同步托管在 Gitee 上做国内镜像。

如果只需要普通托管代码，则选择 Gitee 即可，毕竟其速度快。本书使用 Gitee 作为云代码托管平台。

随堂测试

下列关于 Git 的描述，错误的是（ ）。

A. Git 是一个开源的分布式版本控制系统

B. 版本库中所有文件都被 Git 管理起来，可以在需要时恢复为某个版本

C. GitHub 和 Gitee 都是基于 Git 实现的云端的代码托管平台

D. 在使用 Git 提交某个版本时不需要提交关于此版本的特点与说明

参考答案：D

6.3.2 下载并安装 Git

从 Git 官网下载 Git 安装文件，下载完成后，单击"安装"按钮，依次选择安装目录、选择安装的组件（默认的即可）、设置"开始"菜单快捷方式目录（设置"开始"菜单中快捷方式的目录名称，也可以选择不在"开始"菜单中创建快捷方式，保持默认设置），之后直接单击"Next"（确定）按钮，最后单击"Finish"（完成）按钮即可。

安装完成后，在命令提示符窗口中执行 git--version 命令，如果出现如图 6-14 所示的结果，则表示安装成功。

图 6-14 在命令提示符窗口中测试 Git 是否安装成功

随堂测试

在命令提示符窗口中，执行（ ）命令可以测试 Git 是否安装成功。

A. git-v B. git--v C. git-version D. git--version

参考答案：D

动手练习

下载并安装 Git。

6.3.3 Git 的 4 个区和 5 个状态

理解 Git 的 4 个区和 5 个状态，有助于我们掌握 Git 的常用命令。

对于初学者来说，每个区具体是怎么工作的，我们完全不需要关心，只需知道有这 4 个

区即可。

- 工作区。
- 暂存区或缓存区。
- 本地仓库或版本库。
- 远程仓库。

成功进入上述 4 个区中的每个区之后都会产生一个状态，再加上初始的一个状态，一共是 5 种状态。我们把这 5 种状态分别命名如下。

- 未修改（Origin）：初始的状态。
- 已修改（Modified）：在工作区中修改。
- 已暂存（Staged）：已经提交到暂存区，使用 git add 命令。
- 已提交（Committed）：已经提交到本地仓库，使用 git commit 命令。
- 已推送（Pushed）：已经提交到远程仓库，使用 git push 命令。

6.3.4　在本地对源代码进行基本的版本控制

在本地对源代码进行版本管理是 Git 在开发过程常见的使用场景之一。

我们首先建立一个 gitdemo 项目，并且该项目的文件夹（工作目录）为 C:\Users\qingr\Documents\code\gitdemo。

1. 使用 git status 命令查看工作目录和暂存区的状态（当前分支状态）

在"运行"对话框中执行 cmd 命令，在弹出的命令提示符窗口中默认当前路径是 C:\Users\用户名\，这里用户名是 qingr，所以默认当前路径是 C:\Users\qingr。执行 cd Documents\code\gitdemo 命令，可以将项目所在目录切换为 C:\Users\qingr\Documents\code\gitdemo，如图 6-15 所示。

执行 git status 命令，会显示 "fatal:not a git repository(or any of the parent directories):.git"（当前目录不是一个仓库）错误提示，如图 6-16 所示。

图 6-15　在命令提示符窗口中切换项目所在目录　　　图 6-16　当前目录中没有版本库的输出

2. 使用 git init 命令初始化一个版本库

执行 git init 命令，在当前目录下初始化一个版本库，会显示已经有的一个空版本库（Initialized empty Git repository in C:\Users\qingr\Documents\code\gitdemo\.git\）。再次执行 git status 命令，显示目前是 master 分支（On branch master），还没有提交文件（No commits yet）。提示可以使用 "git add<file>" 提交文件到当前版本库，如图 6-17 所示。

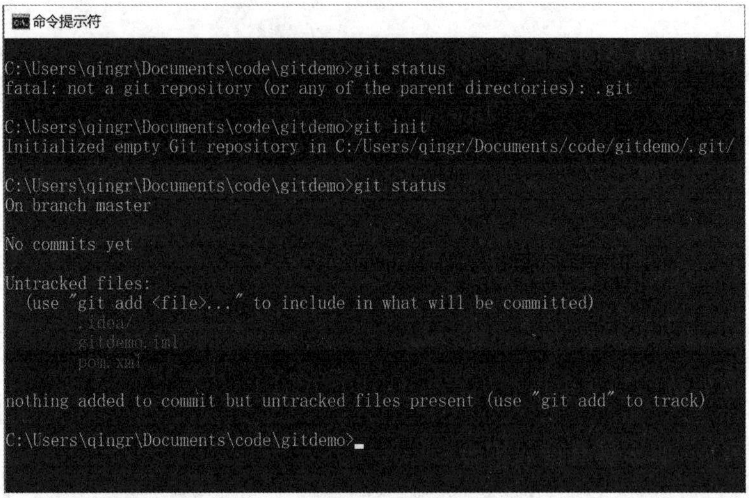

图 6-17　初始化版本库及版本库状态

3. 使用 git add 命令将文件存放到暂存区中

执行 git add pom.xml 命令，此时只是将 pom.xml 文件存放到暂存区中，并没有添加到库中，如图 6-18 所示。

图 6-18　本地仓库添加一个文件及版本库状态

4. 使用 git commit 命令将添加的文件提交到本地版本库（Repository）

执行 git commit pom.xml -m first 命令，将 pom.xml 文件添加到本地版本库中，并且输入信息 first 表示第一次提交，如图 6-19 所示。出现的警告信息是因为 Git 提供了一个 "换行符自动转换" 的功能，会将 Linux/UNIX 下的 LF 换行符转为 Windows 下的 CRLF 换行符。再次执行 git status 命令，会发现只有两个文件（.idea 和 gitdemo.iml）没有被跟踪，pom.xml 文件已经被添加到本地库中，且已经被跟踪。

```
C:\Users\qingr\Documents\code\gitdemo>git commit pom.xml -m first
warning: LF will be replaced by CRLF in pom.xml.
The file will have its original line endings in your working directory
[master (root-commit) c48e91f] first
 1 file changed, 12 insertions(+)
 create mode 100644 pom.xml

C:\Users\qingr\Documents\code\gitdemo>git status
On branch master
Untracked files:
  (use "git add <file>..." to include in what will be committed)
        .idea/
        gitdemo.iml

nothing added to commit but untracked files present (use "git add" to track)
C:\Users\qingr\Documents\code\gitdemo>
```

图 6-19　将添加的文件提交到本地版本库并输入版本库状态

5. 使用 git log 命令查看提交记录

执行 git log 命令，会显示提交记录，如图 6-20 所示。

```
C:\Users\qingr\Documents\code\gitdemo>git log
commit c48e91fa20fdbe623f74a2f71fcb465effcb83ea (HEAD -> master)
Author: szqingr <szqingr@163.com>
Date:   Sat Dec 11 20:48:33 2021 +0800

    first

C:\Users\qingr\Documents\code\gitdemo>
```

图 6-20　显示提交记录

6. 使用 git reset 命令回退版本

修改 pom.xml 文件，这里以增加一个 JUnit 依赖为例，代码如下。

```xml
<?xml version="1.0" encoding="UTF-8"?>
<project xmlns="http://maven.apache.org/POM/4.0.0"
         xmlns:xsi="http://www.w3.org/2001/XMLSchema-instance"
         xsi:schemaLocation="http://maven.apache.org/POM/4.0.0
http://maven.apache.org/xsd/maven-4.0.0.xsd">
    <modelVersion>4.0.0</modelVersion>

    <groupId>org.example</groupId>
    <artifactId>gitdemo</artifactId>
    <version>1.0-SNAPSHOT</version>
```

```
    <dependencies>
        <dependency>
            <groupId>junit</groupId>
            <artifactId>junit</artifactId>
            <version>4.12</version>
            <scope>compile</scope>
        </dependency>
    </dependencies>
</project>
```

首先执行 git add pom.xml 命令，然后执行 git commit pom.xml -m "add junit"命令，最后执行 git log 命令，会发现有两次提交记录，如图 6-21 所示。

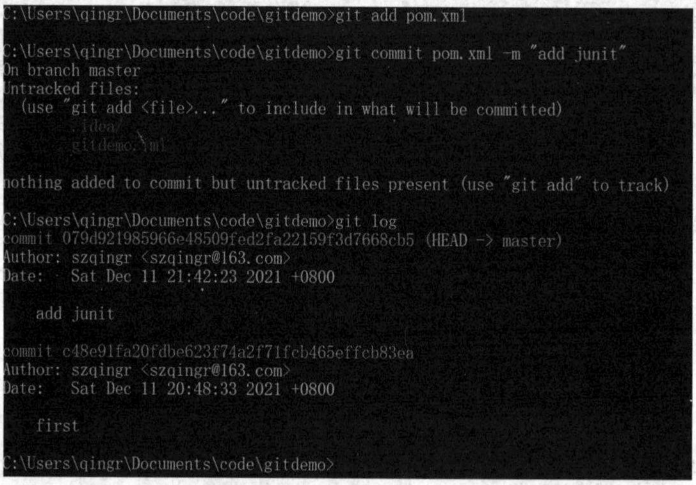

图 6-21　两次提交记录

如果想回退到 first 版本，则可以执行 git reset --hard c48e91fa20fdbe623f74a2f71fcb465effcb83ea 命令，其中 c48e91fa20fdbe623f74a2f71fcb465effcb83ea 为执行 git log 命令查询到的 first 版本提交 ID，会提示已经回到 first 版本。执行 type pom.xml 命令查看 pom.xml 文件的内容，发现已经将添加的依赖删除，如图 6-22 所示。

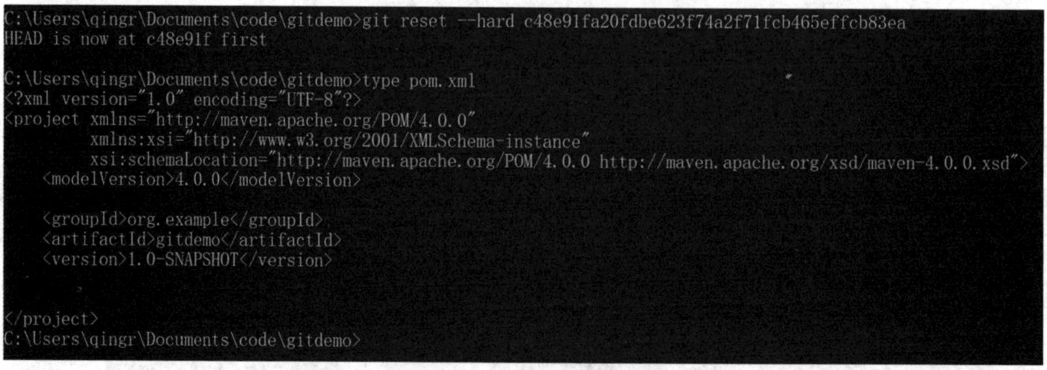

图 6-22　回退到以前版本

随堂测试

1. 如果把项目中 hello.py 文件的内容破坏了，如何使其还原至原始版本？（　　）

　　A. git reset – hello.py　　　　　　　　B. git checkout HEAD – hello.py

　　C. git revert hello.py　　　　　　　　D. git update hello.py

2. 下列关于 git 命令的描述，错误的是（　　）。

　　A. git init：初始化仓库　　　　　　　B. git status：查看分支状态

　　C. git add [file]：将文件提交到暂存区　　D. git log：将文件同步到本地仓库

参考答案：1. B　2. D

动手练习

1. 使用 git status 命令查看工作目录和暂存区的状态练习。

在 IDEA 中创建 gitdemo 项目，打开命令提示符窗口，切换到 gitdemo 项目所在目录。执行 git status 命令，观察输出。

2. 使用 git init 命令初始化版本库练习。

先执行 git init 命令，在当前目录下初始化一个版本库，观察输出；再执行 git status 命令，观察输出。

3. 使用 git add 命令将文件存放到暂存区中练习。

先执行 git add pom.xml 命令，将 pom.xml 文件存放到暂存区中，观察输出；再执行 git status 命令，观察输出。

4. 使用 git commit 命令将添加的文件提交到本地版本库练习。

执行 git commit pom.xml -m first 命令，将 pom.xml 文件添加到本地版本库中，并且输入 first 信息表示第一次提交，观察输出。

5. 使用 git log 命令查看提交记录练习。

6. 使用 git reset 命令回退版本练习。

（1）修改 pom.xml 文件，增加一个 JUnit 依赖。首先执行 git add pom.xml 命令，然后执行 git commit pom.xml -m "add junit"命令，最后执行 git log 命令，查看有多少提交记录。

（2）先执行 git reset --hard *first 版本提交 ID*（使用 git log 命令查询到的 first 版本提交 ID）命令，观察是否提示已经回到 first 版本；再执行 type pom.xml 命令查看 pom.xml 文件的内容，观察 JUnit 依赖是否还在。

6.3.5　通过远程版本库管理源代码的版本

通过远程版本库，如云端代码托管平台 GitHub 和 Gitee（码云）来管理源代码的版本，也是 Git 在开发过程中常见的使用场景。下面以码云为例进行说明。

步骤 1：注册码云账户并在码云平台中创建一个远程仓库。

首先要注册码云账户，然后用账户和密码登录码云，在云端创建一个仓库，单击➕按钮，在下拉列表中选择"新建仓库"选项，如图 6-23 所示。在打开的界面中填写仓库名称、仓库介绍，选中"私有"单选按钮或"开源"单选按钮（这里选中"私有"单选按钮），单击"创建"按钮，从而完成远程仓库的创建，如图 6-24 所示。

图 6-23　选择"新建仓库"选项　　　　　　图 6-24　完成远程仓库的创建

步骤 2：获取远程仓库的 URL，并将本地仓库与远程仓库关联。

打开远程仓库，单击"点击复制"按钮，获取远程仓库的 URL，如图 6-25 所示。在本地打开命令提示符窗口，执行 git remote add origin https://gitee.com/qingguorong_qingr/gitdemo.git 命令，即可关联本地仓库和远程仓库，如图 6-26 所示。

图 6-25　复制远程仓库 URL

```
git remote add origin https://gitee.com/qingguorong_qingr/gitdemo.git
```

图 6-26　关联本地仓库和远程仓库

步骤 3：第一次推送 master 分支的所有内容到远程仓库。

在命令提示符窗口中执行 git push -u origin master 命令，第一次推送 master 分支的所有内容到远程仓库，如图 6-27 所示。在弹出的码云身份认证对话框中，输入码云账户和密码，如图 6-28 所示。在完成将本地仓库同步到码云远程仓库时，可以在码云中看到同步后的结果，如图 6-29 所示。

```
C:\Users\qingr\Documents\code\gitdemo>git push -u origin master
Enumerating objects: 3, done.
Counting objects: 100% (3/3), done.
Delta compression using up to 8 threads
Compressing objects: 100% (2/2), done.
Writing objects: 100% (3/3), 438 bytes | 438.00 KiB/s, done.
Total 3 (delta 0), reused 0 (delta 0), pack-reused 0
remote: Powered by GITEE.COM [GNK-6.2]
To https://gitee.com/qingguorong_qingr/gitdemo.git
 * [new branch]      master -> master
Branch 'master' set up to track remote branch 'master' from 'origin'.
```

图 6-27　第一次推送 master 分支的所有内容到远程仓库

图 6-28　码云身份认证对话框

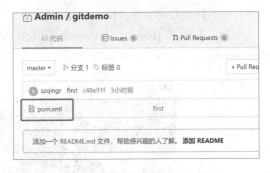

图 6-29　代码已同步到码云远程仓库

步骤 4：后续同步到远程仓库。

以后修改 pom.xml 文件，只要按如图 6-30 所示的先执行 git commit 命令提交到本地仓库，再执行 git push 命令即可同步到码云，结果如图 6-31 所示。git push 命令用于将本地的分支版本上传到远程仓库并合并。

```
C:\Users\qingr\Documents\code\gitdemo>git commit pom.xml -m "add junit again"
[master ed57be9] add junit again
 1 file changed, 6 insertions(+)

C:\Users\qingr\Documents\code\gitdemo>git push
Enumerating objects: 5, done.
Counting objects: 100% (5/5), done.
Delta compression using up to 8 threads
Compressing objects: 100% (2/2), done.
Writing objects: 100% (3/3), 320 bytes | 320.00 KiB/s, done.
Total 3 (delta 1), reused 0 (delta 0), pack-reused 0
remote: Powered by GITEE.COM [GNK-6.2]
To https://gitee.com/qingguorong_qingr/gitdemo.git
   59a7877..ed57be9  master -> master
```

图 6-30　将修改的文件提交并同步到码云

图 6-31　已经同步到码云

步骤 5：从远程仓库复制项目到本地。

如果是多人协同开发，就存在从远程仓库复制项目到本地的需求，以便能够查看该项目，或者进行修改。通过 git clone 命令可以从远程仓库中复制一个项目到本地，即下载一个项目。复制项目的命令格式如下。

```
git clone [url]
```

其中，[url]是你要复制的项目，需要从远程仓库中获取这个 URL。

例如，复制 GitHub 上的 runoob-git-test 项目，复制完成后，在当前目录下会生成一个 runoob-git-test 目录，如图 6-32 所示。

图 6-32　使用 git clone 命令复制 GitHub 上的远程仓库到本地

如果要复制前面提交到码云的 gitdemo 项目（假设是团队的其他人提交的）到本地，则需要事先在码云上注册并输入码云的用户名和密码，如图 6-33 所示。复制完成后，在当前目录下会生成一个 gitdemo 目录，如图 6-34 所示。

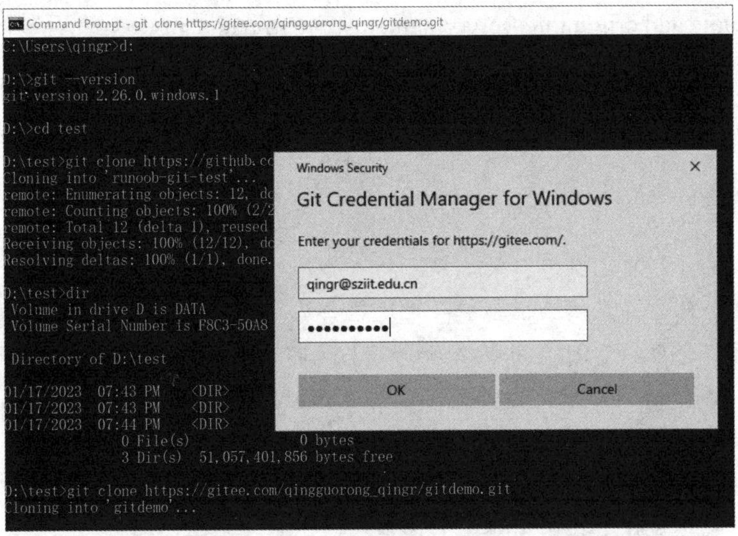

图 6-33　使用 git clone 命令复制码云上的远程仓库到本地

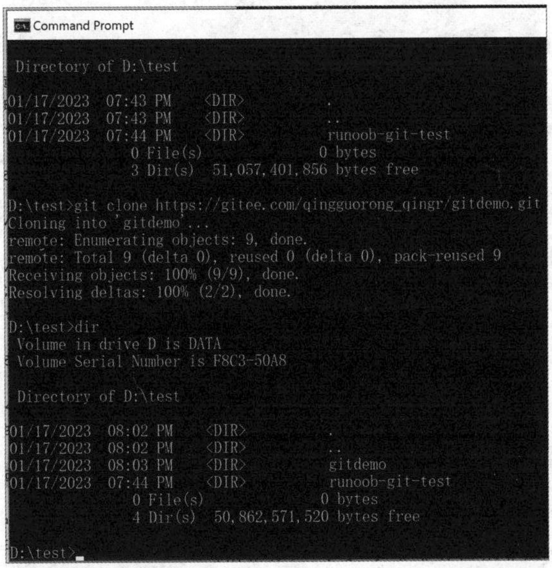

图 6-34　使用 git clone 命令复制码云上的远程仓库到本地的结果

步骤 6：从远程仓库中下载项目代码到本地。

用户可以先执行 git fetch 命令从远程仓库中下载项目代码到本地存储库中，再执行 git merge 命令将远程仓库的任何更新与当前工作区的代码合并；也可以只使用 git pull 命令下载远程仓库的代码并合并。

随堂测试

（　　）命令用于第一次推送 master 分支的所有内容到远程仓库。

A.　git push -u origin master

B. git remote add origin git@server-name:path/repo-name.git

C. git push

D. git remote push

参考答案：A

动手练习

注意：第 1~4 题自己练习，第 5 题和第 6 题小组练习。

1. 注册码云账户并在码云上创建一个远程仓库。

2. 获取远程仓库的 URL，并将本地仓库与远程仓库关联。

3. 第一次推送 master 分支的所有内容到远程仓库。

4. 同步到远程仓库。修改 pom.xml 文件，只要先执行 git commit 命令提交到本地仓库，再执行 git push 命令，即可同步到码云。

5. 练习从远程仓库中复制小组中其他同学的项目到本地。

6. 练习从远程仓库中下载小组中其他同学修改的代码到本地。

6.3.6   在 IDEA 中配置全局 Git

Git 需要在 IDEA 中配置 Git 程序的执行路径。在 firstdemo 的项目界面中，选择 "File" → "Settings" → "Version Control" → "Git" 选项。在弹出的 "Settings" 对话框中，单击 "Path to Git executable" 后面的按钮，可以选择本地 Git 安装路径中 bin 目录下的 git.exe 的路径，选择好后单击 "Test" 按钮，如图 6-35 所示。如果安装正确且路径正确，则会显示 "Git version is 2.26.0"，表示配置成功，如图 6-36 所示。

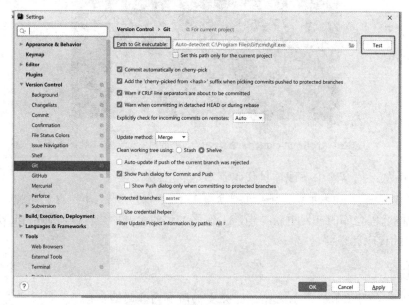

图 6-35   配置 Git

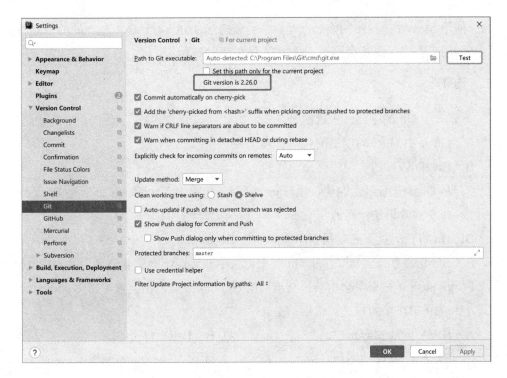

图 6-36　Git 配置成功

动手练三

在 IDEA 中配置 Git。

阶段测试：使用 Maven 及 Git 测试

一、判断题

1．Git 就是 GitHub。 （　　）

2．Git 会记录历史版本。 （　　）

3．使用 git commit 命令将暂存区内容添加到本地仓库中。 （　　）

4．使用 git commit 和-m 选项可以在命令提示符窗口中提交注释。 （　　）

5．git pull 命令是 git fetch 和 git merge 命令的组合。 （　　）

6．使用 mvn clean 命令清空项目所有文件。 （　　）

7．使用 mvn compile 命令编译项目。 （　　）

8．使用 mvn package 命令只是打包项目，不会编译项目。 （　　）

9．Maven 不仅可以管理项目依赖，还可以构建项目。 （　　）

10. 使用 Maven 最直接的好处就是，统一管理了 JAR 包及 JAR 包之间的依赖维护，为用户省去了到各个网站下载所需 JAR 包的过程。　　　　　　　　　（　　　）

二、选择题

1. 下列关于 Git 的描述，正确的是（　　　）。

    A．Git 是由 GitHub 创造的代码管理工具

    B．Git 和 SVN 的实现原理是一样的

    C．从 Git 原理设计上来讲，执行 git pull 命令和先执行 git fetch 命令再执行 git merge 命令的效果是一样的

    D．Git 将代码提交到远程仓库的命令是 git commit

    E．git rm 命令只会将文件从 Git 提交记录中删除，不会删除磁盘中的物理文件

    F．git push -f 命令只会重新提交当前的 commit 节点，不会重写历史 commit

2. 下列关于 IDEA 的描述，错误的是（　　　）。

    A．IDEA 自带 Maven　　　　　　　　B．IDEA 自带 JDK

    C．IDEA 自带 Git 执行程序　　　　　　D．IDEA 可以不配置 Maven

3. 下列关于 Git 的描述，不恰当的一项是（　　　）。

    A．可以采用公钥认证进行安全管理　　B．可以利用快照签名回溯历史版本

    C．必须搭建 Server 才能提交修改　　　D．属于分布式版本控制工具

4. 关于常用的 Git 操作，错误的是（　　　）。

    A．add　　　　　　B．push　　　　　　C．fetch　　　　　　D．mkdir

5. Git 是（　　　）。

    A．编程语言　　　　　　　　　　　　B．GitHub 的简写

    C．远程存储库平台　　　　　　　　　D．分布式版本控制系统

6. 将远程仓库"https://abc.xyz/d/e.git"添加为"origin"的命令是（　　　）。

    A．git remote https://abc.xyz/d/e.git

    B．git add origin https://abc.xyz/d/e.git

    C．git origin=https://abc.xyz/d/e.git

    D．git remote add origin https://abc.xyz/d/e.git

7. 下列哪个命令用于添加所有修改、已删除、新增的文件到暂存区中？（　　　）

    A．git add　　　　　　　　　　　　B．git add --all

    C．git add --files　　　　　　　　　D．git add --allfiles

8. 获取 Git 存储库当前状态的命令是（　　　）。

    A．git status　　　　　　　　　　　B．git --status

C．git config --status　　　　　　　　D．git getStatus

9．在当前存储库上初始化 Git 的命令是（　　）。

A．initialize git　　　　　　　　B．start git

C．git init　　　　　　　　D．git start

10．查看仓库提交历史的命令是（　　）。

A．git history　　　B．git --full-log　　　C．git log　　　D．git commits

单元 7　连接客户端与服务器端

学习目标

- 了解多人聊天室系统的需求。
- 能够使用 Socket 编程技术实现客户端与服务器端的连接。
- 能够使用多线程实现服务器端对多个客户端的并发处理。
- 能够使用 I/O 流实现客户端与服务器端的一次交互。
- 对 Java 异常处理机制有初步了解。

7.1　了解多人聊天室系统的需求和本单元任务

7.1.1　了解多人聊天室系统的需求

要求实现一个多人聊天室系统，并具备 QQ 群聊的核心功能（群聊和私聊），即用户通过客户端连接到服务器端时，首先输入自己的姓名，然后开始发送消息到服务器端；服务器端在收到客户端的连接时，首先输出谁进入了聊天室，然后把客户端发来的消息转发给其他客户端，从而实现群聊的功能。如果客户端按照约定以 "@name#" 开头的格式输入消息，则服务器端需要解析客户端要私聊的对象，并把消息单独发送给要私聊的客户端，从而实现私聊的功能。

需要注意的是，本系统只关注 QQ 群聊的核心功能，省略了登录，也不需要进行身份验证，只需在连接到服务器时直接输入姓名，即可进入聊天室。

聊天室的服务器端接收不同客户端的数据，并转发给其他客户端。客户端可以发送数据给服务器端，同时客户端也需要接收服务器端返回的数据。服务器端和客户端可以使用 Java 网络编程及 I/O 流技术来实现。

客户端的发送数据和接收数据是两个独立的通道，互不影响。也就是说，客户端的输出与输入要独立，需要使用多线程及 I/O 流来实现。

由于服务器端需要同时处理多个客户端，因此服务器端也需要使用多线程来实现，让每个线程处理一个客户端。服务器端要为每一个客户端都建立一个通道，用于处理与客户端的通信。为了实现群聊的功能（一个客户端发的消息，其他客户端都可以看到），服务器端需要使用 Java 集合类创建一个通道的列表来保存所有客户端的通道，并用通道转发消息给对应的客户端。

客户端程序会让每个客户输入一个姓名（name），如果发送的聊天信息为"@name#"开头格式，则表示私聊。所以，服务器端需要使用 Java 字符串的相关方法来判断聊天消息是否以"@name#"开头。

当程序中发生异常时，程序为了能够正确地应对，需要用到 Java 的异常处理技术。

客户端最好使用图形用户界面，所以需要用到 Java 图形用户界面的相关技术。

通过上面的分析可以知道，多人聊天室系统的完成需要用到网络编程、I/O 流、多线程、集合类、异常处理、字符串处理和图形用户界面等 Java 技术。

对于初学者来说，直接实现这个系统会有一定难度，因此可以采用逐步迭代的方式来完成。

- 通过单元 7，实现客户端与服务器端的连接。
- 通过单元 8，实现客户端不断向服务器端发送和接收消息。
- 通过单元 9，实现群聊和私聊。
- 通过单元 10，处理聊天过程中服务器端的异常。
- 通过单元 11，实现客户端的图形用户界面（拓展）。

7.1.2　本单元任务描述及实现思路

本单元实现多人聊天室系统的第 1 个版本。这个版本只需实现服务器端与客户端的连接，并且能够进行一次互动，要求服务器可以同时处理多个客户端。服务器端用于监控客户端的连接，当客户端连接上服务器后会发送姓名给服务器端，服务器端在收到后不仅会提示并输出"XXX 进入聊天室"，还会向客户端发送一个"XXX，您好！欢迎您进入聊天室"。

根据需求分析，该程序有明确的客户端和服务器端，是一个典型的客户/服务器程序，可以使用套接字（Socket）编程技术来实现。所谓 Socket，就是对网络中不同主机上的应用进程之间进行双向通信的端点的抽象。一个 Socket 就是网络中进程通信的一端，提供了应用层进程利用网络协议交换数据的机制。Socket 是对 TCP 或 UDP 的封装，通过调用 Socket 来对 TCP 或 UDP 进行对应的数据发送。不同的操作系统 Linux、Windows 或 macOS 都支持 Socket。

Socket 使用 TCP 提供了两台计算机（客户端和服务器端）之间的通信机制。客户端程序创建一个 socket 对象，并尝试连接服务器端的 Socket。当连接建立时，服务器端会创建一个新的 socket 对象，用来专门处理与该客户端的通信。需要注意的是，接收客户端连接请求的服务器端的 Socket 和最终与客户端进行通信的 Socket 是不同的，这是因为前者类似总机的接线员，而后者才是真正和打进电话的人通话的人。

Java 为基于 TCP 的网络提供了良好的封装，使用 java.net.Socket 对象来代表两端的通信端口，并且通过 java.net.Socket 可以调用 getInputStream()方法和 getOutputStream()方法，从而得到 I/O 流，以便进行网络通信。java.net.ServerSocket 类为服务器程序提供了一种监听客户端，并与它们建立连接的机制。在两台计算机之间使用 Socket 建立 TCP 连接的步骤如下。

（1）服务器可以调用 ServerSocket 类的 ServerSocket (int port)构造方法，创建绑定到指定端口的 ServerSocket 对象，并在这个端口上监听客户端的连接请求。

（2）服务器可以调用 ServerSocket 对象的 accept()方法，使该方法一直等待，直到客户端连接到服务器给定的端口时。

（3）服务器正在等待时，一个客户端调用 Socket 类的 Socket(String host, int port)构造方法生成一个 socket 对象，并指定服务器名称和端口号来请求连接。如果连接已经建立，则在客户端创建一个能够与服务器进行通信的 socket 对象。同时，在服务器端，accept()方法会返回一个新的 socket 对象，并使该 Socket 与客户端的 Socket 建立连接。

连接建立后，可以通过 I/O 流来完成通信。每一个 socket 对象都关联一个输出流和一个输入流[分别调用 getInputStream()方法和 getOutputStream()方法得到]对象，其中客户端的输出流连接服务器端的输入流，而客户端的输入流则连接服务器端的输出流，因此客户端和服务器端通过它们就可以相互发送消息了。

随堂测试

1. java.net.ServerSocket 类的（　　　）方法可以监听客户端的连接请求。
   A. listen()　　　　　　B. accept()　　　　　　C. wait()　　　　　　D. sniffer()
2. java.net.ServerSocket 类的 getInputStream()方法的返回值类型是（　　　）。
   A. InputStream　　　B. OutputStream　　C. java.net.Socket　　D. void
3. 关于 Java Socket 编程，下列描述正确的是（　　　）。
   A. 客户端通过 new ServerSocket()，可以创建 TCP 连接对象
   B. 客户端通过 TCP 连接对象，可以调用 accept()方法，并创建通信的 socket 对象
   C. 客户端通过 new Socket()方法，可以创建通信的 socket 对象
   D. 服务器端通过 new ServerSocket()，可以创建通信的 socket 对象

参考答案：1. B　2. A　3. C

7.2　编写聊天服务器的 ChatServer 类

7.2.1　创建 ChatServer 类

第一步：创建一个 Maven 项目 chatroom。

在欢迎界面中选择"Create New Project"选项，或者如图 7-1 所示，依次选择"IntelliJ

IDEA"界面中的"File"→"New"→"Project"选项。在弹出的"New Project"对话框中，选择"Maven"选项，取消勾选"Create from archetype"复选框，表示不用骨架，并单击"Next"按钮，如图 7-2 所示。输入项目名称，设置项目位置，单击"Finish"按钮，如图 7-3 所示。

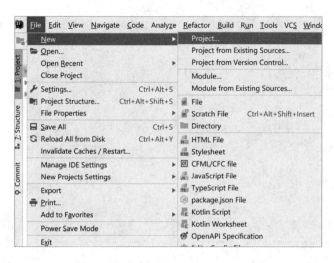

图 7-1　选择"Project"选项

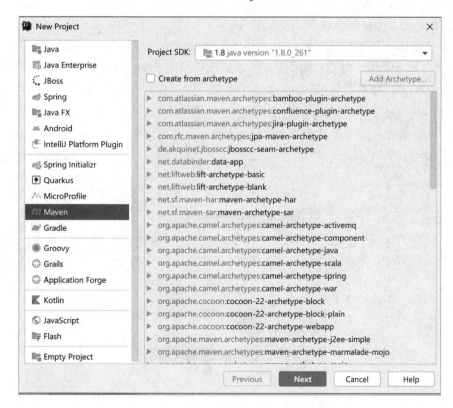

图 7-2　创建 Maven 项目不使用骨架

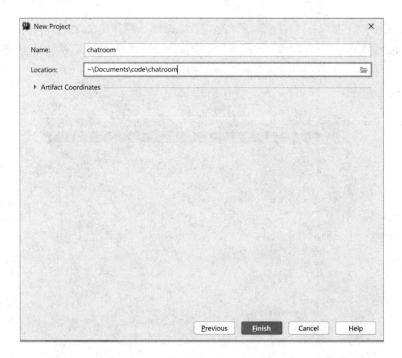

图 7-3　为项目命名并指定存放位置

第二步：创建 ChatServer 类。

右击"Project"列表框中的 chatroom/src/main/java 目录，在弹出的快捷菜单中选择
"New"→"Java Class"选项，如图 7-4 所示。在弹出的"New Java Class"对话框中，输入
类名"ChatServer"，如图 7-5 所示。按 Enter 键，即可得到 ChatServer 类的框架代码，如
图 7-6 所示。

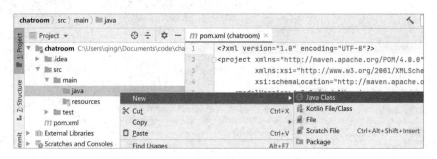

图 7-4　使用快捷菜单创建类

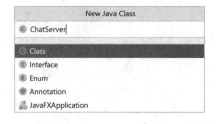

图 7-5　输入类名

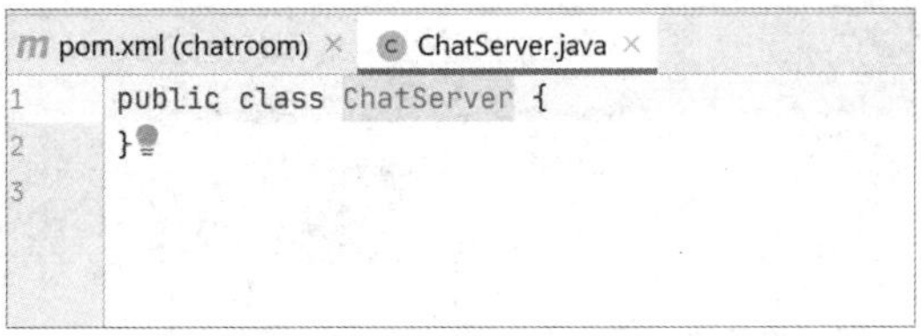

图 7-6　得到 ChatServer 类的框架代码

第三步：创建 main()方法。

输入"main"，并按 Enter 键，main()方法的框架代码就会出现在代码中，代码如下。

```
public class ChatServer {
    public static void main(String[] args) {

    }
}
```

"main"是 main()方法框架代码的快捷键。

随堂测试

在 IDEA 中，public static void main(String[] args) {}的快捷键是（　　　）。

A．main　　　　　　　　B．psvm　　　　　　　　C．svm　　　　　　　　D．psvmain

参考答案：A

动手练习

在 IDEA 中，创建服务器的 ChatServer 类。

7.2.2　创建绑定到指定端口的 ServerSocket 对象

创建绑定到指定端口的 ServerSocket 对象的代码如下。

```
ServerSocket server=new ServerSocket(9900);
```

这条语句会有错误提示，将抛出 IOException 异常。当将鼠标指针移到错误提示（小红杠）上时，将弹出如图 7-7 所示的快捷菜单，选择"More actions"选项，将显示如图 7-8 所示的快捷菜单，选择"Surround with try/catch"选项。最后代码如下。

```
public static void main(String[] args) {
        //创建绑定到指定端口的 ServerSocket 对象
    try {
        ServerSocket server=new ServerSocket(9900);
    } catch (IOException e) {
        e.printStackTrace();
    }
}
```

Java 编程实战教程

```
// 创建绑定到指定端口的 ServerSocket 对象
ServerSocket server=new ServerSocket( port: 9900);

                                    Unhandled exception: java.io.IOException          ⋮
                                    Variable 'server' is never used
                                    Add exception to method signature  Alt+Shift+Enter    More actions...  Alt+Enter
```

图 7-7 抛出异常的代码的提示信息

```
public class ChatServer {
    public static void main(String[] args) {
        // 创建绑定到指定端口的 ServerSocket 对象
        ServerSocket server=new ServerSocket( port: 9900);
                                            Add exception to method signature
    }                                       Surround with try/catch
}                                           Split into declaration and assignment ▶
                                            Press Ctrl+Shift+i to open preview
```

图 7-8 选择"Surround with try/catch"选项

异常是程序中的一些错误，有的是因为用户错误引起的，有的是程序错误引起的，还有一些是因为物理错误引起的。通常包含以下 3 种情况。

- 检查性异常：最具代表的检查性异常是用户错误或问题引起的异常，是程序员无法预见的。例如，要打开一个不存在文件时，一个异常就发生了，这些异常在编译时不能被忽略，因此也被称为编译时异常。在 IDEA 中会强制要求程序员选择要么添加 try-catch 语句，要么在方法签名尾部用 throws 关键字声明这类异常。上面代码中 java.io.IOException 类就属于这类异常。
- 运行时异常：该异常是可能被程序员避免的异常。与检查性异常相反，运行时异常可能在编译时被忽略。也就是说，此类异常程序员可以不处理，代码也能编译通过。java.lang.RuntimeException 类表示运行时异常。
- 错误：一般发生在严重故障时，并且在 Java 程序处理的范畴之外。例如，当栈溢出时。如果在编译时检查不到错误，程序员也可以不处理。java.lang.Error 类表示错误。

图 7-9 所示为 Java 异常类的层次关系，图中列出了重要的几个类。

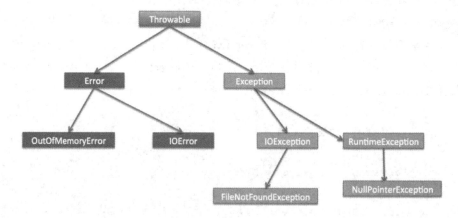

图 7-9 Java 异常类的层次关系

java.lang.Exception 类是所有异常类的根类，有 java.io.IOException 和 java.lang.Runtime

Exception 两个主要的子类，还有其他子类。java.lang.Exception 类和 java.lang.Error 类有一个共同的父类 java.lang.Throwable。在 Exception 类的众多子类中除了 java.lang.Runtime Exception 类及其子类，Exception 类下所有其他子类都用于表示编译时异常。

使用 try、catch 和 finally 关键字可以捕获异常，语法如下。

```
try
{
    //保护的程序代码
    try 语句块
}catch(异常类型 异常的变量名)
{
    //异常发生时执行的代码
    catch 语句块
}
finally{
    //无论是否发送异常都会执行的代码，常用来回收资源
    finally 语句块
}
```

catch 语句块包含要捕获异常类型的声明。当 try 语句块（保护的程序代码）中发生一个异常时，try 后面的 catch 语句块就会被检查。

如果发生的异常包含在 catch 语句块中，则异常会被传递到该 catch 语句块中，这和一个参数被传递到方法中一样。前面的代码就是当执行"ServerSocket server=new ServerSocket(9900);"语句抛出 IOException 类型的异常时，会执行"e.printStackTrace();"语句，即打印异常信息在程序中出错的位置及原因，方便程序员处理。

finally 语句块是无论是否发送异常都会执行的代码，常用来回收资源。

【随堂测试】

插入缺少的部分以处理下面代码中的错误。

```
_____{
    int[] myNumbers = {1, 2, 3};
    System.out.println(myNumbers[10]);
} _____(Exception e) {
    System.out.println("Something went wrong.");
}
```

参考答案：try catch

【动手练习】

创建绑定到指定端口的 ServerSocket 对象。

7.2.3　监听客户端连接请求

监听客户端连接请求的代码如下。

```
Socket socket=server.accept();
```

为了服务器能够接收多个客户端请求，可以使用循环。

最终代码如下。

```java
public static void main(String[] args) {
        //创建绑定到指定端口的 ServerSocket 对象
    try {
        ServerSocket server=new ServerSocket(9900);
        //因为需要接收多个客户端请求，所以使用循环
        while(true){
            //服务器端监听连接请求并产生一个socket对象，用来负责和客户端通信
            Socket socket=server.accept();
        }
    } catch (IOException e) {
        e.printStackTrace();
    }
}
```

随堂测试

java.net.ServerSocket 类的 accept()方法的返回值类型是（　　　　）。

A. InputStream　　　　　B. OutputStream　　　　C. java.net.Socket　　D. void

参考答案：C

动手练习

编写代码实现监听客户端对象。

7.2.4　获得 socket 对象对应的输入流对象

通过获得 socket 对象对应的输入流对象，准备接收客户端的输入，代码如下。

```java
InputStream is=socket.getInputStream();
```

I/O 流是一种顺序读写数据的模式，其中流可以理解为数据的序列，即数据类似自来水一样在水管中流动。输入流表示从一个源（文件、网络等）中读取数据给内存，输出流表示从内存中向一个目标（如文件、网络等）写入数据。Java 的 I/O 流类层次结构如图 7-10 所示。

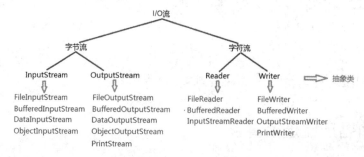

图 7-10　Java 的 I/O 流类层次结构

其中，InputStream 和 OutputStream 是最基础的输入字节流类和输出字节流类，只提供最基础的输入字节流操作和输出字节流操作（按字节读入或保存数据）。为了简化接收消息的代码，将最基础的 InputStream 对象包装成对象流中的 ObjectInputStream 对象和 ObjectOutputStream 对象。

ObjectInputStream 和 ObjectOutputStream 用于实现对象的序列化和反序列化，就是可以直接将一个对象保存到流中，也可以直接从数据流中恢复一个对象。

对象序列化就是将一个对象转换为字节序列的过程，而反序列化则是将字节序列恢复为对象的过程。但是，并不是所有类的对象都可以进行序列化操作，如果一个对象需要被序列化，则对象所在的类必须实现 Serializable 接口，为了对象的某个属性不参与序列化，应当使用 transient 修饰符。因为在此接口中并没有定义任何方法，所以此接口是作为标示接口出现的。ObjectOutputStream 的 writeObject(Object obj)方法可对参数指定的 obj 对象进行序列化，并将得到的字节序列写到一个目标输出流中。ObjectInputStream 代表对象输入流，其 readObject()方法先从一个源输入流中读取字节序列，再把它们反序列化为一个对象，并将其返回。

最终代码如下。

```java
public static void main(String[] args) {
        //创建绑定到指定端口的 ServerSocket 对象
    try {
        ServerSocket server=new ServerSocket(9900);
        //因为需要接收多个客户端请求，所以使用循环
        while(true){
            //服务器端监听连接请求并产生一个 socket 对象，用来负责和客户端通信
            Socket socket=server.accept();
            //获得 socket 对象对应的输入流对象，准备接收客户端的输入
            InputStream is=socket.getInputStream();
            //将最基础的 InputStream 对象包装成对象流
            ObjectInputStream ois=new ObjectInputStream(is);
        }
    } catch (IOException e) {
        e.printStackTrace();
    }
}
```

随堂测试

仔细观察图 7-10，判断下列关于 I/O 流的描述正确的是（　　　）。（多选）

A. I/O 流可以分为字节流和字符流

B. FileReader 和 FileWriter 是专门用于读取和写入文本文件的

C. 顶层类有 InputStream 和 OutputStream

D. 顶层类有 Reader 和 Writer，它们都是接口

参考答案：ABC

编写代码，获得 socket 对象对应的输入流对象，并准备接收客户端的输入。

7.2.5 通过调用对象流的 readObject()方法来接收客户端的输入

通过调用对象流的 readObject()方法来接收客户端输入的姓名，代码如下。

```
String name=ois.readObject();
```

上述语句会出现 ClassNotFoundException 异常，单击错误提示，在弹出的快捷菜单中选择 "Add 'catch' clause(s)" 选项，添加第二个 catch 语句块，如图 7-11 所示。

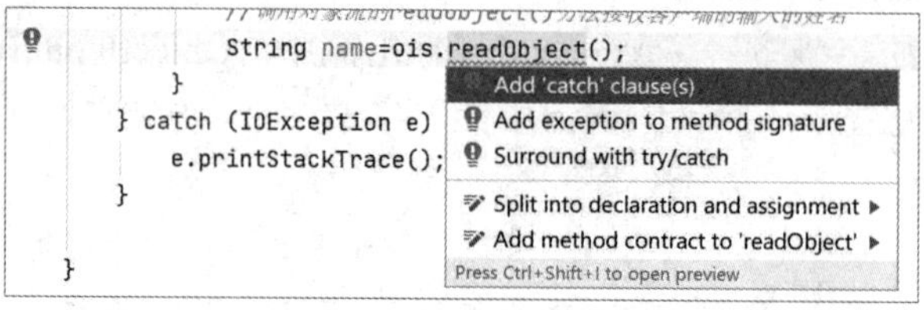

图 7-11　选择 "Add'catch'clause(s)" 选项

readObject()方法返回的是一个 Object，需要将结果强制转换为 String，最终代码如下。

```
public static void main(String[] args) {
    //创建绑定到指定端口的 ServerSocket 对象
    try {
        ServerSocket server=new ServerSocket(9900);
        //因为需要接收多个客户端请求，所以使用循环
        while(true){
            //服务器端监听连接请求并产生一个 socket 对象，用来负责和客户端通信
            Socket socket=server.accept();
            //获得 socket 对象对应的输入流对象，准备接收客户端的输入
            InputStream is=socket.getInputStream();
            //将最基础的 InputStream 对象包装成对象流
            ObjectInputStream ois=new ObjectInputStream(is);
            //通过调用对象流的 readObject()方法来接收客户端输入的姓名
            String name= (String) ois.readObject();
        }
    } catch (IOException e) {
        e.printStackTrace();
    } catch (ClassNotFoundException e) {
        e.printStackTrace();
    }
}
```

上面的代码示范了一个 try 语句块后面跟随多个 catch 语句块的情况，即多重捕获。多

重捕获块的语法如下。

```
try{
   // 保护代码
   try 语句块
}catch(异常类型 1 异常的变量名 1){
   // 异常处理代码
   try 语句块
}catch(异常类型 2 异常的变量名 2){
   // 异常处理代码
   try 语句块
}catch(异常类型 3 异常的变量名 3){
   // 异常处理代码
   try 语句块
}
```

上面的代码段包含了 3 个 catch 语句块，如果保护代码中发生异常，就将异常抛给第一个 catch 语句块。如果抛出异常的数据类型与 "异常类型 1" 匹配（类型相同或抛出异常的数据类型是"异常类型 1"的子类，所以捕获父类异常的 catch 语句块最好放在后面，否则后面捕获子类异常类型会执行不到），就在这里将异常捕获。如果不匹配，就将异常传递给第二个 catch 语句块。如此，直到异常被捕获或者通过所有的 catch 语句块。

随堂测试

下列关于 Java 异常的描述，正确的是（　　　）。（多选）

A. Throwable 类是 Java 语言中 Error 类和 Exception 类的父类

B. 当异常对象是 Exception 类（或其子类）的实例时，能通过 throw 语句抛出该异常对象，并通过 try-catch-finally 语句进行处理

C. 如果只用一个 catch 语句块捕获多个异常对象，则 catch 子句中的参数类型应是所有存在的异常对象的父类

D. 以上都不对

参考答案：ABC

动手练习

编写代码，通过调用对象流的 readObject()方法来接收客户端的输入。

7.2.6 输出客户端进入聊天室的提示信息

输入 "sout"，只需按 Enter 键，System.out.println 就会出现在代码中。这是因为 "sout" 是 "System.out.println();"语句的快捷键，可以用来快速输入。

最终代码如下。

```
public static void main(String[] args) {
    //创建绑定到指定端口的 ServerSocket 对象
```

```
            try {
                ServerSocket server=new ServerSocket(9900);
                //因为需要接收多个客户端请求，所以使用循环
                while(true){
                    //服务器端监听连接请求并产生一个socket对象，用来负责和客户端通信
                    Socket socket=server.accept();
                    //获得socket对象对应的输入流对象，准备接收客户端的输入
                    InputStream is=socket.getInputStream();
                    //将最基础的InputStream对象包装成对象流
                    ObjectInputStream ois=new ObjectInputStream(is);
                    //通过调用对象流的readObject()方法来接收客户端输入的姓名
                    String name= (String) ois.readObject();

                    //输出客户端进入聊天室的提示信息
                    System.out.println(name+"进入聊天室");
                }
            } catch (IOException e) {
                e.printStackTrace();
            } catch (ClassNotFoundException e) {
                e.printStackTrace();
            }
        }
```

随堂测试

在 IDEA 中，"System.out.println();"语句的快捷键是（　　）。

A. sop   B. soup   C. sysop   D. sout

参考答案：D

动手练习

编写代码，输出客户端进入聊天室的提示信息。

7.2.7　向客户端发送欢迎信息

发送消息需要获得输出流对象，可以通过调用 socket 对象的 getOutputStream()方法得到。同输入流对象的处理类似，发送消息需要将这个基础的 OutputStream 包装成对象流，并通过调用对象流的 writeObject(Object obj)方法，将欢迎信息发送给客户端。

最终代码如下。

```
import java.io.*;
import java.net.ServerSocket;
import java.net.Socket;


public class ChatServer {
    public static void main(String[] args) {
```

```
            //创建绑定到指定端口的ServerSocket对象
            try {
                ServerSocket server=new ServerSocket(9900);
                //因为需要接收多个客户端请求,所以使用循环
                while(true){
                    //服务器端监听连接请求并产生一个socket对象,用来负责和客户端通信
                    Socket socket=server.accept();
                    //获得socket对象对应的输入流对象,准备接收客户端的输入
                    InputStream is=socket.getInputStream();
                    //将最基础的InputStream对象包装成对象流
                    ObjectInputStream ois=new ObjectInputStream(is);
                    //通过调用对象流的readObject()方法来接收客户端输入的姓名
                    String name= (String) ois.readObject();

                    //输出客户端进入聊天室的提示信息
                    System.out.println(name+"进入聊天室");
                    //向客户端发送欢迎信息
                    //获得与客户端通信的输出流对象
                    OutputStream os=socket.getOutputStream();
                    //将最基础的OutputStream对象包装成对象流
                    ObjectOutputStream oos=new ObjectOutputStream(os);
                    //通过调用对象流的writeObject()方法来向客户端发送欢迎信息
                    oos.writeObject(name+", 您好! 欢迎您进入聊天室");
                }
            } catch (IOException e) {
                e.printStackTrace();
            } catch (ClassNotFoundException e) {
                e.printStackTrace();
            }
        }
    }
```

　　main()方法只是程序的入口,不适合出现过多的业务代码。在通常情况下,业务代码都封装在类的其他方法中,所以可以将main()方法中的所有业务代码都封装到 ChatServer 类的构造方法中,只需在main()方法中调用构造方法即可。最终代码如下。

```
public class ChatServer {
    public static void main(String[] args) {
        new ChatServer();
    }
}
```

随堂测试

　　下列关于对象序列化的描述,错误的是(　　　)。

　　A. 实现序列化的对象必须实现 Serializable 接口

B. 实现序列化的对象必须自定义序列号

C. 使用 ObjectOutputStream 中的 writeObject(Object obj)方法可以将对象写出

D. 使用 ObjectInputStream 中的 readObject()方法可以读取对象

参考答案：B

动手练习

编写代码，向客户端发送欢迎信息。

7.3 编写客户端的 ChatClient 类

第一步：创建一个客户端的 ChatClient 类。

其创建方法与 ChatServer 类的创建类似。创建一个 main()方法。

第二步：在构造方法中创建一个连接服务器 9900 端口请求的 Socket。

创建 main()方法，在其中输入如下代码。

```
Socket client=new Socket("localhost",9900);
```

上述语句会抛出 IOException 异常，像图 7-8 一样，选择 "Surround with try/catch" 选项，最终代码如下。

```java
import java.io.IOException;
import java.net.Socket;

public class ChatClient {
    public static void main(String[] args) {
        try {
            //创建一个连接服务器 9900 端口请求的 Socket
            Socket socket=new Socket("localhost",9900);
        } catch (IOException e) {
            e.printStackTrace();
        }
    }
}
```

第三步：提示用户输入姓名并处理用户在控制台输入的姓名。

使用 Scanner 实现从控制台输入，最终代码如下。

```java
import java.io.*;
import java.net.Socket;
import java.util.Scanner;

public class ChatClient {
    public static void main(String[] args) {
```

```
        try {
            //创建一个连接服务器 9900 端口请求的 Socket
            Socket socket=new Socket("localhost",9900);
            //连接成功后提示输入
            System.out.println("请输入您的姓名：");
            //通过 Scanner 实现从控制台输入
            //注意需要将 System.in 参数传入，表示标准输入，即从键盘输入
            Scanner sc=new Scanner(System.in);
            String name=sc.nextLine();
        } catch (IOException e) {
            e.printStackTrace();
        }
    }
}
```

第四步：获得与服务器端通信的输出流对象，并向服务器端发送姓名。

代码与服务器端类似，都是先通过 Socket 获得输出流对象，再将最基础的 OutputStream 对象包装成对象流，最后通过调用 writeObject() 方法来发送消息，代码如下。

```
public static void main(String[] args) {
    try {
        //创建一个连接服务器端口 9900 请求的 Socket
        Socket socket =new Socket("localhost",9900);
        //连接成功后提示输入
        System.out.println("请输入您的姓名：");
        //通过 Scanner 实现从控制台输入
        //注意需要将 System.in 参数传入，表示标准输入，即从键盘输入
        Scanner sc=new Scanner(System.in);
        String name=sc.nextLine();

        //获得与服务器端通信的输出流对象，准备向服务器端发送姓名
        OutputStream os=socket.getOutputStream();
        //将最基础的 OutputStream 对象包装成对象流
        ObjectOutputStream oos=new ObjectOutputStream(os);
        //通过调用对象流的 writeObject() 方法来向服务器端发送姓名
        oos.writeObject(name);
    } catch (IOException e) {
        e.printStackTrace();
    }
}
```

第五步：获得与服务器端通信的输入流对象，接收服务器端的消息并在控制台输出，将业务代码封装到构造方法中，在 main() 方法中调用构造方法。

代码与服务器端类似，都是先通过 Socket 获得输入流对象，再将最基础的 OutputStream

对象包装成对象流，最后通过调用 readObject()方法来发送消息。把所有代码封装到
ChatClient 类的构造方法中，在 main()方法中调用 ChatClient 类的构造方法，最终代码如下。

```java
import java.io.*;
import java.net.Socket;
import java.util.Scanner;

public class ChatClient {
    public static void main(String[] args) {
        new ChatClient();
    }

    public ChatClient(){
        try {
            //创建一个连接服务器 9900 端口请求的 Socket
            Socket socket =new Socket("localhost",9900);
            //连接成功后提示输入
            System.out.println("请输入您的姓名：");
            //通过 Scanner 实现从控制台输入
            //注意需要将 System.in 参数传入，表示标准输入，即从键盘输入
            Scanner sc=new Scanner(System.in);
            String name=sc.nextLine();

            //获得与服务器端通信的输出流对象，准备向服务器端发送姓名
            OutputStream os=socket.getOutputStream();
            //将最基础的 OutputStream 对象包装成对象流
            ObjectOutputStream oos=new ObjectOutputStream(os);
            //通过调用对象流的 writeObject()方法来向服务器端发送姓名
            oos.writeObject(name);

            //获得与服务器端通信的输入流对象，准备接收服务器端的消息
            InputStream is=socket.getInputStream();
            //将最基础的 InputStream 对象包装成对象流
            ObjectInputStream ois=new ObjectInputStream(is);
            //通过调用对象流的 readObject()方法来获得服务器端发送的消息
            //并在控制台输出
            System.out.println(ois.readObject());

        } catch (IOException e) {
            e.printStackTrace();
        } catch (ClassNotFoundException e) {
            //处理 readObject()方法的异常
            e.printStackTrace();
        }
```

```
        }
    }
```

随堂测试

下列语句中，(　　　)可以正确创建 Socket 连接。

A.　Socket s = new Socket(8080);

B.　Socket s = new Socket("192.168.1.1",8080);

C.　SocketServer s = new Socket(8080);

D.　Socket s = new SocketServer("192.168.1.1",8080);

参考答案：B

动手练习

编写一个客户端的类。

7.4　联合测试 ChatServer 和 ChatClient

第一步：启动 ChatServer。

如图 7-12 所示，在 ChatServer 编辑窗口中右击，在弹出的快捷菜单中选择"Run 'ChatServer.main()'"选项或者按组合键"Ctrl+Shift+F10"，即可启动 ChatServer。

图 7-12　选择"Run 'ChatServer.main()'"选项

第二步：启动 3 个 ChatClient。

启动客户端的方法与启动服务器端的类似。由于客户端可以是多个，因此我们需要启动多个客户端进行测试，这里启动 3 个。如果不做相关设置，我们会发现启动第一个客户端成功后，启动第二个会弹出提示 "'ChatClient' is not allowed to run in parallel"（ChatClient 不允许并发执行，即不同时启动多个）的提示对话框，如图 7-13 所示。

图 7-13　默认程序不能并发执行（不能同时运行多个）

单击 "Cancel" 按钮，关闭提示对话框。右击 ChatClient 编辑窗口中的代码，在弹出的快捷菜单中选择 "Modify Run Configuration" 选项，如图 7-14 所示。在弹出的对话框中单击 "Modify Options" 按钮，在弹出的 "Add Run Options" 对话框中选择 "Allow multiple instance" 选项，即可允许并发执行，从而可以启动多个客户端了，如图 7-15 所示。

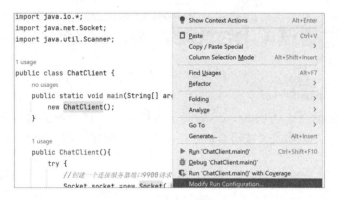

图 7-14　选择 "Modify Run Configuration" 选项

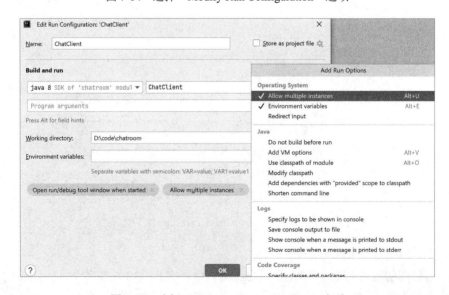

图 7-15　选择 "Allow multiple instances" 选项

在 3 个客户端的编辑窗口中，分别输入姓名 aaa、bbb、ccc，则服务器端和 aaa 客户端的输出分别如图 7-16 和图 7-17 所示。

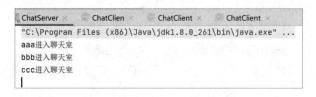

ChatServer
ChatClien
ChatClient
ChatClient
"C:\Program Files (x86)\Java\jdk1.8.0_261\bin\java.exe" ...
aaa进入聊天室
bbb进入聊天室
ccc进入聊天室

图 7-16　服务器端的输出

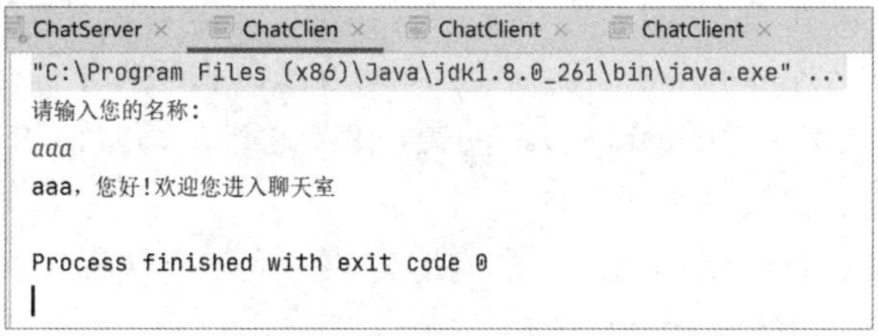
ChatServer
ChatClien
ChatClient
ChatClient
"C:\Program Files (x86)\Java\jdk1.8.0_261\bin\java.exe" ...
请输入您的名称:
aaa
aaa，您好!欢迎您进入聊天室
Process finished with exit code 0

图 7-17　aaa 客户端的输出

随堂测试

IDEA 默认可以同时打开多个控制台运行同一个程序（　　）。（判断题）

参考答案：×

动手练习

联合测试客户端和服务器端。

7.5　编写支持与多个客户端交互的 ChatChannel 类

7.5.1　线程的引入

前面测试好像没有问题，如果我们再重新启动 3 个客户端进行测试，让第二个或第三个启动的客户端先输入姓名，就会发现系统无法执行下去了。

这是因为服务器的代码必须在处理完与第一个连接的客户端的交互后（循环语句的代码）才能处理与第二个客户端的交互，即服务器端不能同时与多个客户端交互。针对这一问题要如何解决呢？我们可以把这部分代码用线程来实现，使得来一个客户端连接，就启动一个独立的线程来执行这段代码。

进程是程序的一次执行。在 7.4 节联合测试 ChatServer 和 ChatClient 时，启动了 1 个服务器端程序和 3 个客户端程序，共有 4 个进程。

线程指的是进程中一个单一顺序的控制流，在一个进程中可以并发多个线程，每个线程可以并行执行不同的任务。

虽然多线程和多进程都可以实现多任务，但是多线程使用了更小的资源开销。一个进程不仅包括由操作系统分配的内存空间，还包含一个或多个线程。一个线程是不能独立存在的，这是因为它必须是进程的一部分。一个进程一直运行，直到所有的非守护线程都结束运行后才能结束。

在 Java 中使用线程的方法有两种：一种是实现 Runnable 接口，重写 run()方法；另一种是继承 Thread 的类，重写 run()方法。

比较常用的是实现 Runnable 接口，重写 run()方法。步骤如下。

（1）首先创建一个实现 Runnable 接口的类，该类通过重写接口的 run()方法来完成线程的任务，所以 run()方法也被称为线程体。

（2）然后使用下面 Thread 的任意一个构造方法生成一个线程实例。

```
Thread(Runnable threadObj)
Thread(Runnable threadObj, String threadName)
```

这里，threadObj 是一个实现 Runnable 接口的类的实例（后面将其称为 Runnable 对象），threadName 是线程名称。

（3）最后调用线程实例的 start()方法，启动线程，并调用 Runnable 对象的 run()方法。

示例代码如下。

```java
public class MyRunnable implements Runnable{
    public void run() {
        for(int i=0;i<5;i++) {
            System.out.println( i);
            try {
                Thread.currentThread().sleep(100);
            } catch (InterruptedException e) {
                e.printStackTrace();
            }
        }
    }

    public static void main(String[] args) {
        Thread t=new Thread(new MyRunnable());
        Thread s=new Thread(new MyRunnable());
        t.start();
        System.out.println("one.");
        s.start();
        System.out.println("two.");
    }
}
```

　　从执行结果中可以发现，主线程[main()方法所在线程]和两个子线程在交替执行，如图 7-18 所示。

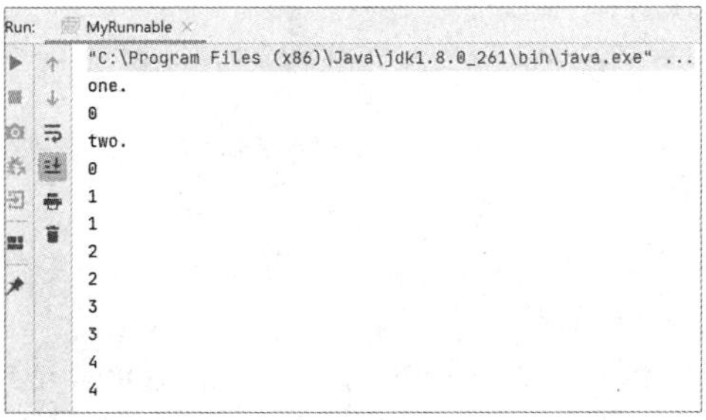

图 7-18　主线程[main()方法所在线程]和两个子线程在交替执行

注意：

（1）在不同的计算机上，甚至在不同时刻执行时，输出结果可能会有差异。因为何时调度线程[执行 run()方法]由虚拟机的调度程序确定，和计算机当前的 CPU 是否空闲有关。

（2）线程在调用 start()方法之后，run()方法并不能立即执行，只是表示线程处于就绪状态，可为 JVM 的线程调度程序调度。

（3）通过 Thread 类的 sleep()方法可以使线程处于休眠状态，Thread 类的 currentThread()静态方法可以获得当前线程。"Thread.currentThread().sleep(100);"语句表示让当前线程休眠100 毫秒，此时线程处于阻塞状态，休眠时间到线程进入就绪状态等待调度。

　　如果在 main()方法中直接调用 Thread 对象的 run()方法，则会立即执行该方法，但不会启动单独的线程，而是在当前线程即主线程中执行。此时，程序执行结果是确定的，即使在不同的计算机上，甚至不同时刻执行。

```java
public static void main(String[] args) {
    MyThread t=new MyThread();
    MyThread s=new MyThread();
    t.run();
    System.out.println("one.");
    s.run();
    System.out.println("two.");
}
```

执行结果如图 7-19 所示。

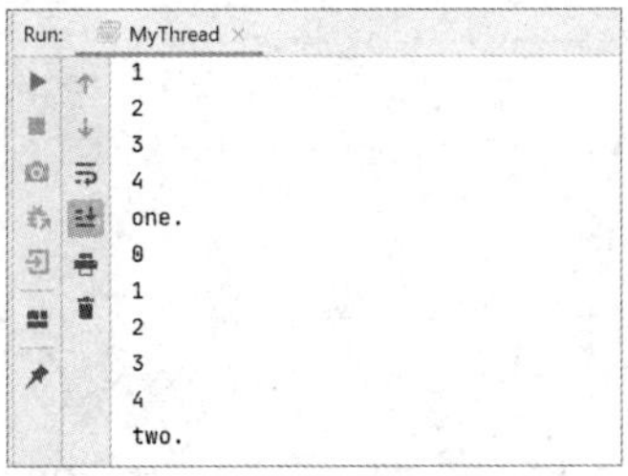

图 7-19　直接调用 run()方法的程序执行结果是确定的

如果使用继承 Thread 类的方法创建线程，首先会重写 Thread 类的 run()方法，在其中完成线程的任务；然后直接用该类的构造方法生成一个线程实例；最后调用线程实例的 start()方法，启动线程。示例代码如下。

```java
public class MyThread extends Thread{
    @Override
    public void run() {
        for(int i=0;i<5;i++) {
            System.out.println( i);
            try {
                sleep(100);//这个代码比用 Runnable 接口方式要简单
            } catch (InterruptedException e) {
                e.printStackTrace();
            }
        }
    }

    public static void main(String[] args) {
        MyThread t=new MyThread();
        MyThread s=new MyThread();
        t.start();
        System.out.println("one.");
        s.start();
        System.out.println("two.");
    }
}
```

随堂测试

1. 下面代码段的输出结果是（   ）。（多选）

```java
public class MyThead extends Thread{
    public static void main(String[] args) {
        MyThead t=new MyThead();
        MyThead s=new MyThead();
        t.start();
        System.out.print("one.");
        s.start();
        System.out.print("two.");
    }
    public void run() {
        System.out.print("Thread");
    }
}
```

A. one. Thread two. Thread   B. one. two. Thread Thread
C. 编译失败   D. 代码运行结果不稳定

2. 下面 Java 程序的输出结果是（　　）。

```
public class HelloSogou{
    public static  void main(String[] a){
        Thread t=new Thread(){
            public void run(){Sogou();}
        };
        t.run();
        System.out.print("Hello");
    }
    static  void Sogou(){
        System.out.print("Sogou");
    }
}
```

  A. HelloSogou   B. SogouHello

  C. Hello   D. 结果不确定

  参考答案：1. ABD 2. B

7.5.2 编写 ChatChannel 类

  新建一个 ChatChannel 类，用于实现 Runnable 接口和 run()方法，并在其中处理与客户端的通信。为了传入处理客户端通信的 socket 对象，需要定义一个 socket 成员变量，并在构造方法中为其赋初始值。ChatChannel 类的代码如下。

```
import java.io.*;
import java.net.Socket;

public class ChatChannel implements Runnable {
    //处理客户端通信的 socket 对象
    private Socket socket;
    //在构造方法中为 socket 成员变量赋初始值
    public ChatChannel(Socket socket){
        this.socket=socket;
    }

    //线程体，处理与客户端的通信
    public void run() {
        try {
            //获得 socket 成员变量对应的输入流对象，准备接收客户端的输入
            InputStream is = socket.getInputStream();
            //将最基础的 InputStream 对象包装成对象流
            ObjectInputStream ois=new ObjectInputStream(is);
            //通过调用对象流的 readObject()方法来接收客户端输入的姓名
            String name= (String) ois.readObject();
```

```
                    //输出客户端进入聊天室的提示信息
                    System.out.println(name+"进入聊天室");

                    //向客户端发送欢迎信息
                    //获得与客户端通信的输出流对象
                    OutputStream os=socket.getOutputStream();
                    //将最基础的 OutputStream 对象包装成对象流
                    ObjectOutputStream oos=new ObjectOutputStream(os);
                    //通过调用对象流的 writeObject()方法来向客户端发送欢迎信息
                    oos.writeObject(name + "，您好！欢迎您进入聊天室");
            } catch (IOException e) {
                e.printStackTrace();
            } catch (ClassNotFoundException e) {
                e.printStackTrace();
            }
        }
}
```

同时，修改服务器端的代码，具体如下。

```
import java.io.*;
import java.net.ServerSocket;
import java.net.Socket;

public class ChatServer {
    ...
    public ChatServer() {
        //创建绑定到指定端口的 ServerSocket 对象
        try {
            ServerSocket server=new ServerSocket(9900);
            //因为需要接收多个客户端请求，所以这里需要使用循环实现
            while(true){
                //服务器端监听连接请求并产生一个 socket 对象，用来负责和客户端通信
                Socket socket=server.accept();
                //生成一个线程，通过 ChatChannel 类的构造方法将 socket 值传入
                new Thread(new ChatChannel(socket)).start();
            }
        } catch (IOException e) {
            e.printStackTrace();
        }
    }
}
```

再次启动服务器端和 3 个客户端，在 ChatChannel 类的支持下，无论哪个客户端先输入姓名，程序都会正常执行。

动手练习

完成支持与多个客户端交互的 ChatChannel 类，使服务器端能够与多个客户端交互。

7.6　将版本 1 代码托管到码云

前面单元介绍了使用 git 命令将代码托管到码云，这里介绍如何使用 IDEA 的 Git 工具完成这个操作。

7.6.1　在码云上添加一个远程仓库

登录码云，如果未注册，请先注册，再登录。

登录后，单击 ✚ 按钮，在弹出的下拉列表中选择"新建仓库"选项，如图 7-20 所示。在"新建仓库"界面中，填写仓库名称，可以在"仓库介绍"文本框中添加一些说明，单击"创建"按钮，即可在码云上完成一个远程仓库的创建，如图 7-21 所示。

图 7-20　选择"新建仓库"选项

图 7-21　输入新仓库信息

动手练习

在码云上添加一个远程仓库，用于保存项目信息。

7.6.2　在 IDEA 中创建本地仓库

创建好项目之后，进入项目，选择"VCS"→"Import into Version Control"→"Create Git Repository"选项，如图 7-22 所示。在弹出的对话框中，将 C:\Users\qingr\Documents\code\chatroom 作为根目录，创建本地仓库，如图 7-23 所示。

图 7-22　选择"Create Git Repository"选项

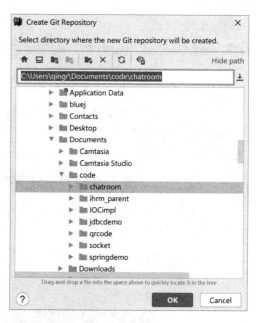

图 7-23　设置本地仓库位置

动手练习

在 IDEA 中创建本地仓库。

7.6.3　在 IDEA 中将代码提交到本地仓库

右击项目，在弹出的快捷菜单中选择"Git"→"Add"选项，如图 7-24 所示。再次右击项目，在弹出的快捷菜单中选择"Git"→"Commit Directory"选项，如图 7-25 所示。在弹出的对话框中选择要上传到本地仓库的文件，即 3 个 Java 源文件和 1 个 pom.xml 文件，如图 7-26 所示。添加注释后，将其提交到本地仓库。

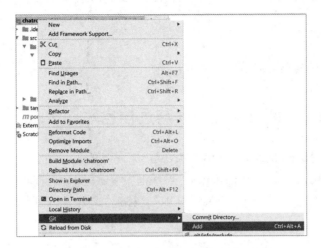

图 7-24 选择"Add"选项

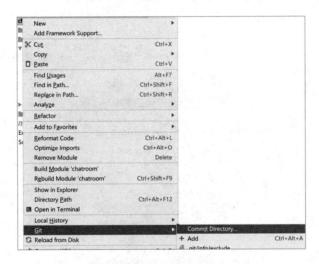

图 7-25 选择"Commit Directory"选项

图 7-26 选择要上传到本地仓库的文件

在 IDEA 中将代码提交到本地仓库。

7.6.4　在 IDEA 中建立本地仓库与远程仓库的关联

右击项目，在弹出的快捷菜单中选择"Git"→"Repository"→"Remotes"选项，如图 7-27 所示。在弹出的"Git Remotes"对话框中单击+图标，在"Define Remote"对话框中填写码云的远程仓库的 URL，单击"OK"按钮，如图 7-28 所示。码云的远程仓库地址可以在码云仓库中找到。

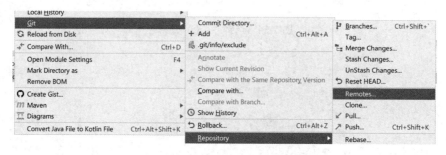

图 7-27　选择"Remotes"选项

图 7-28　设置远程仓库的 URL

在 IDEA 中建立本地仓库与远程仓库的关联。

7.6.5　在 IDEA 中上传代码到码云

右击项目，在弹出的快捷菜单中选择"Git"→"Repository"→"Push"选项，即可在弹出的"Push Commits to chatroom"对话框中看到已提交到本地仓库的提交信息。单击"Push"按钮，将本地仓库的代码上传到码云，上传成功后就可以在码云上看到了。

在 IDEA 中，将代码上传到码云。

阶段测试：网络编程、I/O 流、异常及多线程测试

一、判断题

1．客户端/服务器端程序通常使用套接字（Socket）编程技术实现。　　　（　　）

2．Socket 是对网络中不同主机上的应用进程之间进行双向通信的端点的抽象。
（　　）

3．在服务器端，接收客户端连接请求的 Socket 和最终与客户端进行通信的 Socket 是同一个 socket 对象。　　　（　　）

4．实现 Runnable 接口和继承 Thread 类创建线程都需要重写 run()方法。　　（　　）

5．本单元在服务器端将处理与客户端通信的代码放到线程中实现了服务器端可以同时处理多个客户端的连接。　　　（　　）

6．通过构造方法的参数传入可以对类的数据成员赋初始值。　　　（　　）

7．IDEA 自带的 Git 工具可以实现与 git 命令同样的功能：创建本地仓库、将文件添加到本地仓库、在 IDEA 中建立本地仓库与远程仓库的关联、同步代码到码云。　（　　）

8．ObjectOutputStream 的 writeObject()方法会抛出 IOException 异常。　　（　　）

9．ObjectInputStream 的 readObject()方法只抛出 IOException 异常。　　（　　）

10．Socket 的 getInputStream()方法会抛出 IOException 异常。　　　（　　）

二、选择题

1．实现（　　）接口，可以启用序列化功能。
    A．Runnable　　　　B．Comparable　　　　C．Serializable　　　　D．Comparator

2．java.net.ServerSocket 类的 getOutStream()方法的返回值类型是（　　）。
    A．InputStream　　B．OutputStream　　C．java.net.Socket　　D．void

3．下列说法错误的是（　　）。
    A．ServerSocket server=new ServerSocket(9900);会抛出 IOException 异常
    B．Socket client=new Socket("localhost",9900);会抛出 IOException 异常
    C．String name=ois.readObject();（ois 是 ObjectInputStream 对象）会抛出
       ClassNotFoundException 异常
    D．oos.writeObject(name);（oos 是 ObjectOutputStream 对象，name 是字符串 String）
       会抛出 ClassNotFoundException 异常

4．下列代码正确的是（　　）。
    A．ObjectOutputStream os=new ObjectOutputStream(System.in);
    B．ObjectInputStream os=new ObjectInputStream(System.in);
    C．ObjectOutputStream os=new ObjectOutputStream(System.out);
    D．ObjectInputStream os=new ObjectInputStream(System.out);

5．下列关于 Socket 通信编程的描述，正确的是（　　）。

    A．客户端通过 new ServerSocket()创建 TCP 连接对象

    B．客户端通过 TCP 连接对象调用 accept()方法，创建通信的 socket 对象

    C．客户端通过 new Socket()方法创建通信的 socket 对象

    D．服务器端通过 new ServerSocket()创建通信的 socket 对象

6．下列关于 Java 中异常的描述，正确的是（　　）。

    A．如果用 throws 定义方法可能抛出的异常，那么在调用此方法时一定会抛出此异常

    B．如果 try 块中没有抛出异常，那么 finally 块中的语句将不会被执行

    C．抛出异常意味着程序发生运行时错误，需要调试修改

    D．Java 中的非检测（Unchecked）异常可能来自 RuntimeException 类或其子类

7．下列关于 Java 中异常的描述，正确的是（　　）。

    A．异常是程序编写过程中代码的语法错误

    B．异常是程序编写过程中代码的逻辑错误

    C．异常出现后，程序都会马上终止运行

    D．异常是可以捕获和处理的

8．下列关于 JAVA 多线程的描述，正确的是（　　）。

    A．调用 start()方法和 run()方法都可以启动一个线程

    B．新线程一旦被创建，就自动开始运行

    C．线程只要调用 sleep()方法，就进入阻塞状态

    D．新建的线程只要调用 start()方法，就能立即进入运行状态

9．下列关于 Java 多线程的描述，正确的是（　　）。

    A．线程由代码、数据、内核状态和一组寄存器组成

    B．线程间的数据是不共享的

    C．用户只能通过创建 Thread 类的实例，或者定义、创建 Thread 子类的实例来建立和控制自己的线程

    D．因多线程并发执行而引起的执行顺序的不确定性，可能造成执行结果的不确定

10．为了对象某个属性不参与序列化，应当使用（　　）修饰符。

    A．transient   B．serialize   C．unserialize   D．final

单元 *8* 让客户端可以不断收发消息

学习目标

- 掌握通过定义多个线程类来完成不同的任务。
- 能够使用匿名内部类实现多线程。
- 能够抽取局部变量为成员变量。
- 能够抽取代码到方法中。

8.1 本单元的任务描述及实现思路

8.1.1 任务描述

第 1 个版本的系统，服务器端只是接收姓名并回送一个欢迎信息就结束了，即客户端和服务器端只有一次交互。

本单元首先做相应修改，使服务器端能够接收客户端不断发送的消息并转发，即实现客户端和服务器端能够不停地收发消息。完成后，向码云提交一个新的版本。

读者通过实战可以掌握定义多个线程类，以完成不同的任务，以及使用匿名内部类来实现多线程的技术，抽取局部变量为成员变量，抽取代码到方法中等代码优化技能。

8.1.2 实现思路

为了解决客户端和服务器端能够不停地收发消息，首先要将服务器端和客户端都引入无限循环，使服务器端能够在收到消息后转发消息给客户端。

一个聊天客户端必须是收发都可以并行的，即用户想发送就发送，有消息发过来也能随时接收。为了解决这个问题，客户端还要引入两个线程：一个线程负责客户端的接收，另一个线程负责客户端的发送。

多线程是多任务的一种特别的形式，每个线程实例都可以并行执行不同的任务。我们会发现服务器端可以使用多个线程来处理多个客户端的交互，只需定义一个线程的 ChatClient 类，即可生成多个线程实例，从而完成与多个客户端的交互任务，如图 8-1 所示。在本单元中，我们需要定义 ClientRecv 和 ClientSend 两个不同的线程类，并各自生成一个线程实例分别处理接收服务器端消息和发送消息给服务器端，如图 8-2 所示。

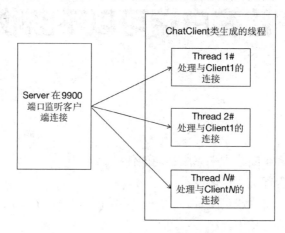

图 8-1　服务器端使用一个线程类的多个线程实例来处理与客户端的连接

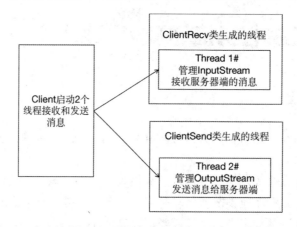

图 8-2　客户端使用不同线程类的线程实例并发接收和发送消息

随堂测试

下列关于多线程和多任务的描述，正确的是（　　　）。（多选）

A. 定义多个线程类，不同的线程类生成不同的线程实例可以实现多任务

B. 定义 1 个线程类，生成多个线程实例可以实现多任务

C. 多任务一定有多个线程实例

D. 多任务一定有多个进程

参考答案：ABC

8.2　修改服务器端的 ChatChannel 类

8.2.1　使服务器端能不断接收并转发客户端发送的消息

修改服务器端的 ChatChannel 类，使其能不断接收并转发客户端发送的消息。

为了服务器端总是能够接收客户端的消息，可以将服务器端接收客户端发送的消息用一个永久循环来实现，具体代码如下面粗体部分。

```java
...
public class ChatChannel implements Runnable{
    private Socket socket;
    ...
    void run() {
        try {
            //获得socket成员变量对应的输入流对象，准备接收客户端的输入
            InputStream is = socket.getInputStream();
            //将最基础的 InputStream 对象包装成对象流
            ObjectInputStream ois = new ObjectInputStream(is);
            //通过调用对象流的 readObject()方法来接收客户端输入的姓名
            String name = (String) ois.readObject();

            //输出客户端进入聊天室的提示信息
            System.out.println(name +"进入聊天室");

            //向客户端发送欢迎信息
            //获得与客户端通信的输出流对象
            OutputStream os=socket.getOutputStream();
            //将最基础的 OutputStream 对象包装成对象流
            ObjectOutputStream oos = new ObjectOutputStream(os);
            //通过调用对象流的 writeObject()方法来向客户端发送欢迎信息
            oos.writeObject(name + "，您好！欢迎您进入聊天室");
            oos.flush();
            //服务器端增加收发客户端消息的代码
            while(true){
                String msg= (String) ois.readObject();
                System.out.println(name +"说："+msg);
                //返回给客户端
                oos.writeObject(name +"说："+msg);
                oos.flush();
            }
        } catch (IOException e) {
            e.printStackTrace();
```

```
        } catch (ClassNotFoundException e) {
            e.printStackTrace();
        }
    }
    ...
```

就是在原来的代码中增加了一个 while 循环，不过还需要注意以下代码。

```
InputStream is= socket.getInputStream();
ObjectInputStream ois=new ObjectInputStream(is);
OutputStream os=socket.getOutputStream();
ObjectOutputStream oos=new ObjectOutputStream(os);
oos.writeObject(name + ", 您好! 欢迎您进入聊天室");
```

上面 5 行代码都可能抛出 IOException 异常。

```
String name= (String) ois.readObject();
```

上面代码，即 readObject()方法可能会抛出 IOException 异常和 ClassNotFoundException 异常。

我们将上述代码放在同一个 try 语句块中，用不同的 catch 语句块分别捕获 IOException 异常和 ClassNotFoundException 异常并对其进行处理，即调用异常的 printStackTrace()方法将异常的堆栈信息输出到控制台，简单来说就是打印出异常信息在程序中出错的位置及原因。

随堂测试

如果将上述代码用一个 catch 语句块实现，那么应该怎么修改代码？
参考答案:

```
public void run() {
    try {
        ...
        }
    catch (Exception e) {
        e.printStackTrace();
    }
}
```

因为 Exception 是 IOException 和 ClassNotFoundException 的父类，抛出的 IOException 异常和 ClassNotFoundException 异常，都可以看作是 Exception 异常，都能捕获。

动手练习

修改服务器端程序，使得服务器端可以不断接收客户端发送过来的信息。

8.2.2　抽取 ois、oos 和 name 局部变量为成员变量

run()方法的代码不宜过长，可以考虑抽取接收用户姓名并发送欢迎信息的代码到方法

中，假设方法名为 recvNameAndEchoHello()，由于 run() 方法和 recvNameAndEchoHello() 方法都会用到 ois、oos、name 变量（最初它们只是局部变量），因此将它们定义成成员变量是一个很好的选择，这是因为成员变量可以在多个方法中共享使用。具体做法：选中定义变量的行并右击，在弹出的快捷菜单中依次选择"Refactor"→"Introduce Field"选项，即可抽取该局部变量为成员变量，如图 8-3 所示。

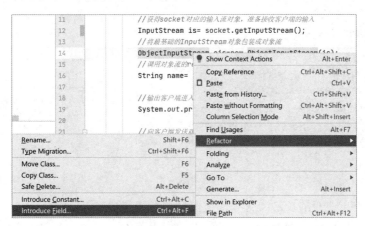

图 8-3　抽取该局部变量为成员变量

最终代码如下。

```
...
public class ChatChannel implements Runnable {
    private Socket socket;
    private ObjectInputStream ois;
    private String name;
    private ObjectOutputStream oos;

    public ChatChannel(Socket socket){
        this.socket=socket;
    }
    public void run() {
        try {
        //获得socket 成员变量对应的输入流对象，准备接收客户端的输入
        InputStream is = socket.getInputStream();
        //将最基础的 InputStream 对象包装成对象流
        ois = new ObjectInputStream(is);
        //通过调用对象流的 readObject()方法来接收客户端输入的姓名
        name = (String) ois.readObject();

        //输出客户端进入聊天室的提示信息
        System.out.println(name +"进入聊天室");
```

```
        //向客户端发送欢迎信息
        //获得与客户端通信的输出流对象
        OutputStream os=socket.getOutputStream();
        //将最基础的 OutputStream 对象包装成对象流
        oos = new ObjectOutputStream(os);
        //通过调用对象流的 writeObject()方法来向客户端发送欢迎信息
        oos.writeObject(name + "，您好！欢迎您进入聊天室");
        oos.flush();
        ...
    } catch (IOException e) {
        e.printStackTrace();
    } catch (ClassNotFoundException e) {
        e.printStackTrace();
    }
  }
}
```

对于 Java 的 3 种变量（实例变量、类变量和局部变量），其作用域不同，具体如下。

实例变量（没有 static 修饰的成员变量）的作用范围与实例化对象的作用范围相同，当类被实例化时，成员变量就会在内存中分配空间并初始化，直到这个被实例化对象的生命周期结束时，成员变量的生命周期才结束。实例变量可以在当前类的所有实例方法中直接访问。静态方法不能直接访问实例变量，也不能直接调用实例方法，需要先生成一个实例，再访问。

类变量（有 static 修饰的成员变量）的作用范围被类的所有实例共享，只要一个类被加载，JVM 就会给类的静态变量分配存储空间，可以通过类名和变量名来访问静态变量。

局部变量（在方法或语句块中定义的变量）的作用域与可见性在它所在的大括号内。

随堂测试

下列关于 Java 的成员变量和局部变量的描述，错误的是（　　　）。

A. 局部变量随着方法的调用而存在，随着方法的调用完毕而销毁

B. 局部变量的作用范围仅在定义它的方法内，或者在定义它的控制流块中

C. 成员变量可以在当前类的所有实例方法中直接访问

D. 静态方法可以访问所有成员变量

参考答案：D

8.2.3　抽取接收用户姓名并发送欢迎信息的代码到方法中

由于接收用户姓名并发送欢迎信息的代码比较独立，因此我们可以将其抽取到一个 recvNameAndEchoHello()方法中。具体就是选中代码并右击，在弹出的快捷菜单中依次选择 "Refactor" → "Extract Method" 选项，如图 8-4 所示。在弹出的 "Extract Method" 对话框

中，输入方法名"recvNameAndEchoHello"即可，如图 8-5 所示。

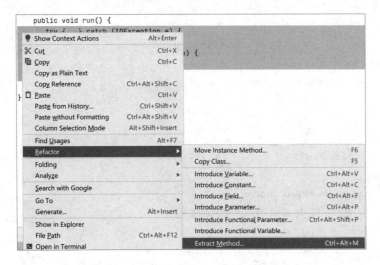

图 8-4　选择"Extract Method"选项

图 8-5　为抽取代码的方法命名

最终代码如下。

```java
import java.io.*;
import java.net.Socket;

public class ChatChannel implements Runnable{
    private Socket socket;
    private InputStream is;
    private ObjectInputStream ois;
    private String name;
```

```java
    private ObjectOutputStream oos;
    //处理客户端通信的 socket 对象

    //在构造方法中为 socket 成员变量赋初始值
    public ChatChannel(Socket socket) {
        this.socket=socket;
    }

    @Override
    public void run() {
        try {
            recvNameAndEchoHello();
            //服务器端增加收发客户端消息的代码
            while(true){
                String msg= (String) ois.readObject();
                System.out.println(name +"说: "+msg);
                //返回给客户端
                oos.writeObject(name +"说: "+msg);
                oos.flush();
            }
        } catch (IOException e) {
            e.printStackTrace();
        } catch (ClassNotFoundException e) {
            e.printStackTrace();
        }
    }


    private      void      recvNameAndEchoHello()      throws      IOException,
ClassNotFoundException {
        //获得 socket 成员变量对应的输入流对象，准备接收客户端的输入
        InputStream is = socket.getInputStream();
        //将最基础的 InputStream 对象包装成对象流
        ois = new ObjectInputStream(is);
        //通过调用对象流的 readObject()方法来接收客户端输入的姓名
        name = (String) ois.readObject();

        //输出客户端进入聊天室的提示信息
        System.out.println(name +"进入聊天室");

        //向客户端发送欢迎信息
        //获得与客户端通信的输出流对象
        OutputStream os=socket.getOutputStream();
        //将最基础的 OutputStream 对象包装成对象流
```

```
        oos = new ObjectOutputStream(os);
        //通过调用对象流的 writeObject()方法来向客户端发送欢迎信息
        oos.writeObject(name + ",您好! 欢迎您进入聊天室");
        oos.flush();
    }
}
```

抽取接收用户姓名并发送欢迎信息的代码到 recvNameAndEchoHello()方法中后,线程体 run()方法的代码简洁了不少,增强了用户可读性。我们会发现,recvNameAndEchoHello()方法中的代码会抛出 IOException、ClassNotFoundException 异常,由于该方法没做任何处理,因此需要在声明方法时使用 throws 关键字对外声明该方法有可能发生 IOException、ClassNotFoundException 异常,并且在调用该方法时,必须对这些异常进行处理,否则编译无法通过。这里就是在调用它的 run()方法中进行处理。

随堂测试

下列关于 throws 关键字的描述,正确的是(　　　)。

A. 使用 throws 关键字抛出异常后,程序可以编译通过

B. throws 关键字用来声明一个方法可能抛出的所有异常信息

C. 使用 throws 关键字抛出多个异常时各个异常之间必须使用逗号隔开

D. 使用 throws 关键字抛出的异常,后续调用者在使用时无须处理

参考答案: D

8.3　修改客户端的 ChatClient 类

8.3.1　抽取 socket、oos、ois、name 局部变量为 ChatClient 类的成员变量

为了支持后面抽取代码到方法中和用匿名内部类建立线程,我们将构造方法中的 socket、oos、ois、name 四个局部变量抽取为 ChatClient 类的成员变量并修改对应语句,最终代码如下。

```
...
public class ChatClient {
    private  Socket socket;
    private ObjectOutputStream oos;
    private ObjectInputStream ois;
    private String name;

    public static void main(String[] args) {
        new ChatClient();
```

```
        }

    public ChatClient(){
        try {
            //创建一个连接服务器 9900 端口请求的 Socket
            socket = new Socket("localhost",9900);
            //连接成功后提示输入
            System.out.println("请输入您的姓名：");
            //通过 Scanner 实现从控制台输入
            //注意需要将 System.in 参数传入，表示标准输入，即从键盘输入
            Scanner sc=new Scanner(System.in);
            name = sc.nextLine();

            //获得与服务器端通信的输出流对象，准备向服务器端发送姓名
            OutputStream os= socket.getOutputStream();
            //将最基础的 OutputStream 对象包装成对象流
            oos=new ObjectOutputStream(os);
            //通过调用对象流的 writeObject()方法来向服务器端发送姓名
            oos.writeObject(name);
            oos.flush();

            //获得与服务器端通信的输入流对象，准备接收服务器端的消息
            InputStream is= socket.getInputStream();
            //将最基础的 InputStream 对象包装成对象流
            ois=new ObjectInputStream(is);
            ...
```

动手练习

抽取 socket、oos、ois、name 四个局部变量为 ChatClient 类的成员变量。

8.3.2　在客户端添加处理接收消息的线程并启动

服务器端通过定义一个外部的线程类来实现多线程。这里使用匿名内部类来实现多线程。在 ChatClient 类的构造方法中添加处理接收消息的线程并启动，具体代码如下。

```
...
public class ChatClient {
    private  Socket socket;
    private ObjectOutputStream oos;
    private ObjectInputStream ois;
    private String name;
    ...
    public ChatClient(){
```

```
try {
    //创建一个连接服务器 9900 端口请求的 Socket
    socket = new Socket("localhost",9900);
    //连接成功后提示输入
    System.out.println("请输入您的姓名：");
    //通过 Scanner 实现从控制台输入
    //注意需要将 System.in 参数传入，表示标准输入，即从键盘输入
    Scanner sc=new Scanner(System.in);
    name = sc.nextLine();

    //获得与服务器端通信的输出流对象，准备向服务器端发送姓名
    OutputStream os= socket.getOutputStream();
    //将最基础的 OutputStream 对象包装成对象流
    oos=new ObjectOutputStream(os);
    //通过调用对象流的 writeObject()方法来向服务器端发送姓名
    oos.writeObject(name);
    oos.flush();

    //获得与服务器端通信的输入流对象，准备接收服务器端的消息
    InputStream is= socket.getInputStream();
    //将最基础的 InputStream 对象包装成对象流
    ois=new ObjectInputStream(is);
    //通过调用对象流的 readObject()方法来获得服务器端发送的消息
    //并在控制台输出
    System.out.println(ois.readObject());

    //在客户端添加处理接收消息的线程并启动
    new Thread(){
        @Override
        public void run() {
            while(socket!=null){
                try {
                    String msg= (String) ois.readObject();
                    System.out.println(msg);

                } catch (IOException e) {
                    e.printStackTrace();
                } catch (ClassNotFoundException e) {
                    e.printStackTrace();
                }
            }
        }
    }.start();
```

```
        } catch (IOException e) {
            e.printStackTrace();
        } catch (ClassNotFoundException e) {
            //处理 readObject()方法的异常
            e.printStackTrace();
        }
    }
    ...
```

我们会发现，这里循环控制条件是 while(socket!=null)，而服务器端 ChatChannel 类的循环控制条件是 while(true)，表示一个永久循环。其实两者效果一样，因为在使用 while(true)时，如果 socket 成员变量为空，就会抛出异常，循环也会被终止。

在实现线程的匿名内部类的 run()方法中，我们用到了 socket 成员变量和 ois 成员变量。

动手练习

在客户端添加处理接收消息的线程并启动。

8.3.3　在客户端添加处理发送消息的线程并启动

客户端发送线程的代码结构和客户端接收线程的代码结构类似，而客户端发送消息的代码和客户端发送姓名的代码又是相似的，所以如法炮制，可以很容易地在 ChatClient 类的构造方法中添加如下代码。

```
...
public class ChatClient {
    private  Socket socket;
    private ObjectOutputStream oos;
    private ObjectInputStream ois;
    private  String name;
...
    public ChatClient(){
    try {
        ...
        //在客户端添加处理接收消息的线程并启动
        new Thread(){
            @Override
            public void run() {
                while(socket!=null){
                    try {
                        String msg= (String) ois.readObject();
                        System.out.println(msg);
```

```
                } catch (IOException e) {
                    e.printStackTrace();
                } catch (ClassNotFoundException e) {
                    e.printStackTrace();
                }
            }
        }
    }.start();

    //在客户端添加处理发送消息的线程并启动
    new Thread(){
        @Override
        public void run() {
            while(socket!=null){
                try {
                    Scanner sc=new Scanner(System.in);
                    String msg=sc.nextLine();
                    oos.writeObject(msg);
                } catch (IOException e) {
                    e.printStackTrace();
                }
            }
        }
    }.start();

} catch (IOException e) {
    e.printStackTrace();
} catch (ClassNotFoundException e) {
    //处理 readObject()方法的异常
    e.printStackTrace();
}
}
}
```

　　我们发现两个创建线程并启动的代码在结构上完全相同，而且在实现发送线程的匿名
内部类的 run()方法中，用到了 socket 成员变量和 oos 成员变量。

动手练习

　　在客户端添加发送消息的线程并启动。

8.3.4　抽取输入并发送姓名和接收欢迎信息的代码到方法中

　　由于构造方法的代码太长，因此我们考虑抽取输入并发送姓名和接收欢迎信息的代码

到 sendNameAndRecvEcho()方法中。和服务器端抽取方法的操作类似,我们选中输入并发
送姓名和接收欢迎信息的语句块并右击,在弹出的快捷菜单中依次选择"Refactor"→
"Extract Method"选项,如图 8-6 所示。在弹出的"Extract Method"对话框中,将方法名设
置为"sendNameAndRecvEcho",如图 8-7 所示。

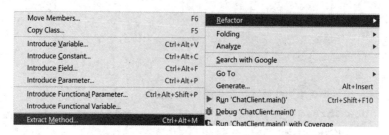

图 8-6 选择"Extract Method"选项

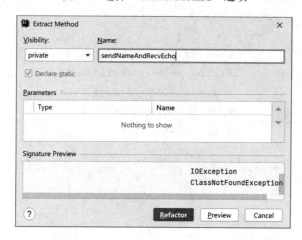

图 8-7 为方法命名

最终代码如下。

```java
import java.io.*;
import java.net.Socket;
import java.util.Scanner;

public class ChatClient {
    private  Socket socket;
    private ObjectOutputStream oos;
    private ObjectInputStream ois;
    private  String name;

    public static void main(String[] args) {
        new ChatClient();
    }


    public ChatClient(){
```

```java
try {
    //创建一个连接服务器 9900 端口请求的 Socket
    socket = new Socket("localhost",9900);
    sendNameAndRecvEcho();

    //在客户端添加处理接收消息的线程并启动
    new Thread(){
        @Override
        public void run() {
            while(socket!=null){
                try {
                    String msg= (String) ois.readObject();
                    System.out.println(msg);

                } catch (IOException e) {
                    e.printStackTrace();
                } catch (ClassNotFoundException e) {
                    e.printStackTrace();
                }
            }
        }
    }.start();

    //在客户端添加处理发送消息的线程并启动
    new Thread(){
        @Override
        public void run() {
            while(socket!=null){
                try {
                    Scanner sc=new Scanner(System.in);
                    String msg=sc.nextLine();
                    oos.writeObject(msg);
                } catch (IOException e) {
                    e.printStackTrace();
                }
            }
        }
    }.start();

} catch (IOException e) {
    e.printStackTrace();
} catch (ClassNotFoundException e) {
    //处理 readObject()方法的异常
```

```
                e.printStackTrace();
        }
    }


    private    void    sendNameAndRecvEcho()    throws    IOException,
ClassNotFoundException {
        //连接成功后提示输入
        System.out.println("请输入您的姓名：");
        //通过 Scanner 实现从控制台输入
        //注意需要将 System.in 参数传入，表示标准输入，即从键盘输入
        Scanner sc=new Scanner(System.in);
        name = sc.nextLine();

        //获得与服务器端通信的输出流对象，准备向服务器端发送姓名
        OutputStream os= socket.getOutputStream();
        //将最基础的 OutputStream 对象包装成对象流
        oos=new ObjectOutputStream(os);
        //通过调用对象流的 writeObject()方法来向服务器端发送姓名
        oos.writeObject(name);
        oos.flush();

        //获得与服务器端通信的输入流对象，准备接收服务器端的消息
        InputStream is= socket.getInputStream();
        //将最基础的 InputStream 对象包装成对象流
        ois=new ObjectInputStream(is);
        //通过调用对象流的 readObject()方法来获得服务器端发送的消息
        //并在控制台输出
        System.out.println(ois.readObject());
    }
}
```

sendNameAndRecvEcho()方法会抛出 IOException 异常和 ClassNotFoundException 异常，通过在方法签名的后面添加 throws 语句来声明这些异常，可以不在方法中捕获并处理异常。但是，在要求调用该方法的地方，这里是在 run()方法中，要处理这两个异常。而 run()方法也确实已经在调用 sendNameAndRecvEcho()方法的位置捕获了这两个异常。

【随堂测试】

在方法签名的后面将异常抛给调用者的关键字是（   ）。

A．throw   B．throws   C．try   D．catch

参考答案：B

【动手练习】

抽取输入并发送姓名和接收欢迎信息的代码到 sendNameAndRecvEcho()方法中。

8.4　联合测试并向码云提交一个新的版本

8.4.1　服务器端与客户端的联合测试

首先启动服务器端，然后启动 1 个客户端，在客户端中输入姓名"aaa"，以及聊天内容"Hi"和"hello"，服务器端不仅都能收到，而且能进行转发。服务器端的控制台输出与客户端的控制台输出，分别如图 8-8 和图 8-9 所示。

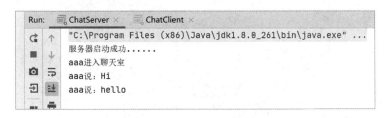

图 8-8　服务器端的控制台输出

图 8-9　客户端的控制台输出

动手练习

服务器端与客户端的联合测试。

8.4.2　向码云提交一个新的版本

第一步：提交代码。

右击项目，在弹出的快捷菜单中选择"Git"→"Commit Directory"选项，如图 8-10 所示。在弹出的对话框中，选择要提交的文件，填写"第 2 个版本，实现客户端可以同时收发消息"说明，单击"Commit"按钮，提交代码，如图 8-11 所示。

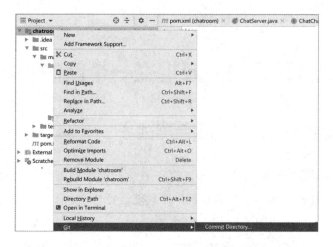

图 8-10　选择"Commit Directory"选项

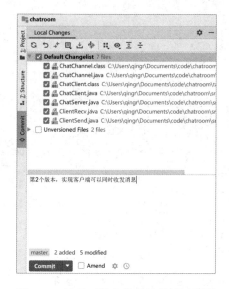

图 8-11　选择要提交的文件并填写说明

第二步：提交到码云。

右击项目，在弹出的快捷菜单中选择"Git"→"Repository"→"Push"选项，如图 8-12 所示。将打开如图 8-13 所示的对话框，单击"Push"按钮就将代码同步到码云了，也就是向码云提交了第 2 个版本。登录码云可以查看代码情况，如图 8-14 所示。

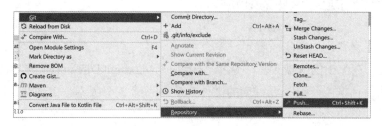

图 8-12　选择"Push"选项

图 8-13 提交到码云

图 8-14 代码已经同步到码云

动手练习

向码云提交一个新的版本。

单元 *9* 实现群聊和私聊

学习目标

- 掌握使用集合类 Map 来实现按名（或按键）查找。
- 掌握使用 static 成员来实现数据的共享。
- 掌握字符串类的一些实用方法。

9.1 任务描述

本单元首先实现群聊功能：一个客户端发送的消息，其他客户端都可以收到。只有实现了群聊功能，系统才能被称为是一个真正的多人聊天室系统。在实现群聊功能后，向码云提交一个新的版本。

然后实现私聊功能：如果客户端按照约定以"@name#"开头的格式输入消息，则表示这是一条私聊信息，服务器端需要解析客户端要私聊的对象，并把消息单独发送给要私聊的客户端，即提供私聊功能。实现私聊功能后，向码云再次提交一个新的版本。

通过实战提供的应用场景，读者可以掌握使用集合类 Map 来实现按名（或按键）查找，使用 static 成员来实现数据的共享，以及 String 类的一些实用方法（如定位字符在字符串出现的位置获取子串等）。

9.2 任务 1: 群聊的实现

9.2.1 群聊的实现思路和集合的引入

显然群聊功能的实现只涉及服务器端的修改。因为只要服务器端能够将一个客户端发送的消息转发到其他所有客户端，就能实现群聊。实现这个的关键是获得所有客户端对应的 Socket 的输出流对象。

怎么保存所有客户端对应的 Socket 的输出流对象呢？可以在 ChatChannel 类中定义一个成员变量 allMap 来保存。由于所有 ChatChannel 对象共享这个成员变量，因此需要将 allMap 设置为 static。allMap 的值是动态变化的，当有新的客户端连接到服务器时，将这个客户端对应的输出流对象添加到 allMap 中，当发现某个客户端退出或掉线时，从 allMap 中删除这个客户端对应的输出流对象。

allMap 采用什么数据类型呢？我们会想到数组，因为数组可以保存多个同类型的数据。但是，数据有一个问题，即它的大小是固定的。对于多人聊天室系统，到底有多少客户端会连接进来参与聊天，这个数目是不固定的，所以数组不是最合适的。为了保存这些数目不确定的对象，JDK 中（具体为 Java.util 包）提供了一系列特殊的类，这些类可以存储任意类型的对象，并且长度可变，被统称为集合。集合类提供了添加对象、删除对象、清空容器、判断容器是否为空等方法。

java.util 包中提供了一系列可使用的集合类，也被称为集合框架。Java 集合框架主要由 Collection 和 Map 两个根接口派生出来的接口和实现类组成。图 9-1 所示为 Java 集合框架常用接口和类。

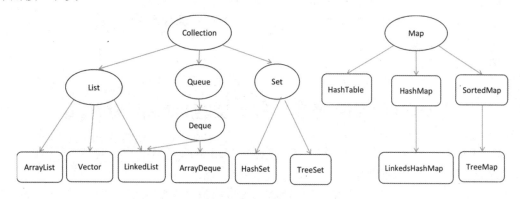

图 9-1　Java 集合框架常用接口和类

从图 9-1 中可以看到，椭圆区域中填写的都是接口类型，其中 List、Queue 和 Set 是 Collection 的子接口，虽然它们都可以被视为可变的数组，但是各有特色。其中，List 集合像一个数组，其元素是有序的，而且可以重复，不同于数组的是，List 的长度可变；Set 集合像一个盒子，其元素是无序的，所以 Set 集合中的元素不能重复；Queue 集合就像现实中的排队一样，先进先出。Map 集合也像一个盒子，但是它里面的每项数据都是成对出现的，由键-值（key-value）对形式组成，Map 中的 key 用 Set 来存放，不允许重复。key 和 value 之间存在单向一对一关系，即通过指定的 key 总能找到唯一的、确定的 value。Map 不仅提供了通过快速的按键（key）来访问值（value）的功能，还提供了通过按键来删除键-值对的功能。Map 常用方法如表 9-1 所示。

表 9-1　Map 常用方法

方法声明	功能描述
V put(K key, V value)	添加一个新的键-值对，如果 Map 的键中存在 key，则用 value 替换对应的值

续表

方法声明	功能描述
Object remove(Object key)	删除对应键的键-值对
V get(Object key)	根据 Map 中元素的 key 来获取相应元素的 value
int size()	获得 Map 中键-值对的数目
Set<K> keySet()	获得 Map 所有键-值对的键，结果是一个 Set
Collection<V> values()	获得 Map 所有键-值对的值，结果是一个 Collection

为了快速定位输出流对象，allMap 采用保存键-值对的 Map 数据类型，其中 key 是客户端的名称，而 value 则为客户端 Socket 对应的输出流对象。

随堂测试

实现群聊，需要在收到客户端发送的消息时获取所有客户端的输出流对象转发消息，解决方法是（ ）。

A. 定义一个 public 的成员用于保存所有客户端的输出流对象

B. 定义一个 static 的成员用于保存所有客户端的输出流对象

C. 定义一个 final 的成员用于保存所有客户端的输出流对象

D. 以上都不对

参考答案：B

9.2.2 增加一个用 static 修饰的 Map 类的 allMap 成员变量

在 ChatChannel 类中增加一个用 static 修饰的 Map 类的 allMap 成员变量。代码如下（黑体部分为实现上述操作而进行的修改）。

```
...
public class ChatChannel implements Runnable {
    / *定义一个包含所有<客户端姓名，客户端输出流>键-值对的集合对象 allMap
    为所有 ChatChannel 对象共享*/
    private static Map<String,ObjectOutputStream> allMap=
            new HashMap<String,ObjectOutputStream>();
    private Socket socket;
...
}
```

注意：

接口是不能实例化的，但是可以创建一个接口实现类的对象作为接口对象。Map 是接口，不能直接创建对象。HashMap 是实现 Map 接口的类，通过创建 HashMap 对象的方式得到一个 Map 对象。

代码中紧跟在 Map 和 HashMap 后面的<String,ObjectOutputStream>表示泛型，Map 和 HashMap 通过泛型<E,V>指定 key 和 value 的数据类型，即 key 是字符串，value 是

ObjectOutputStream。使用泛型把运行时期的问题提前到编译时期，从且在后面调用相关方法时可以避免强制类型转换。例如，get()方法在编译时会检查参数类型是不是匹配，在调用时会对返回的 Object 类型自动进行数据类型转换。

【动手练习】

在 ChatChannel 类中增加一个 static 修饰的 Map 类型的 allMap 成员变量。

9.2.3　定义一个群发消息给所有客户端的 sendToAll()方法

该方法遍历 allMap 的所有值（通过调用 allMap.values()方法来获得所有客户端输出流的集合），对每个输出流对象都通过调用 writeObject()方法来实现对客户端消息的群发。代码如下。

```
private void sendToAll(String s) throws IOException {
    for(ObjectOutputStream os:allMap.values()){
        os.writeObject(s);
        os.flush();
    }
}
```

【动手练习】

在 ChatChannel 类中，定义一个群发消息给所有客户端的 sendToAll()方法。

9.2.4　同步 allMap 和客户端的变化

在连接成功时将<客户端的名称，客户端输出流对象>这个键-值对添加到 allMap 中，添加的代码位置可以选择在 recvNameAndEchoHello()方法中；在客户端退出或出现异常时，将<客户端的名称,客户端输出流对象>这个键-值对删除。删除的位置选择在服务器端写入的数据发送异常时，即在捕获 IOException 异常的位置。同时，在这两个位置处群发系统信息给所有其他客户端，告知有人进入聊天室或退出聊天室。代码如下（黑体部分为实现上述操作而进行的修改）。

```
...
public class ChatChannel implements Runnable {
    private static Map<String,ObjectOutputStream> allMap=new HashMap<String,
ObjectOutputStream>();
    private Socket socket;
    private ObjectInputStream ois;
    private String name;
private ObjectOutputStream oos;
    ...
        public void run() {
```

```
            try {
                ...
                }
        } catch (IOException e) {
            //e.printStackTrace();
            //处理客户端退出
            allMap.remove(name);
            System.out.println(name+"退出聊天室");
            try {
                sendToAll("系统消息："+name+"退出聊天室");
            } catch (IOException ioException) {
                ioException.printStackTrace();
            }
        } catch (ClassNotFoundException e) {
            e.printStackTrace();
        }
    }
    private    void    recvNameAndEchoHello()    throws    IOException,
ClassNotFoundException {
        ...
        //输出客户端进入聊天室的提示信息
        System.out.println(name +"进入聊天室");

        //调用群发消息，以所有客户端的方法发送客户端进入聊天室的系统消息
        sendToAll("系统消息："+name+"进入聊天室");

        //向客户端发送欢迎信息
        //获得与客户端通信的输出流对象
        OutputStream os=socket.getOutputStream();
        //将最基础的 OutputStream 对象包装成对象流
        oos = new ObjectOutputStream(os);

        //将<客户端的名称,客户端输出流对象>这个键-值对添加到 allMap 中
        allMap.put(name,oos);

        //通过调用对象流的 writeObject()方法来向客户端发送欢迎信息
        oos.writeObject(name + ", 您好! 欢迎您进入聊天室");
        oos.flush();
    }
    ...
```

动手练习

同步 allMap 和客户端的变化。

9.2.5 增加在收到客户端消息时群发消息的代码

上一个版本的系统是在收到客户端发过来的消息时返回给客户端，这里修改为群发给所有客户端即可，修改部分见黑体代码。

```
...
public void run() {
    try {
        recvNameAndEchoHello();
        //服务器端增加收发代码
        while(true){
            String msg= (String) ois.readObject();
            System.out.println(name +"说："+msg);
            //将返回给客户端的代码注释掉
            //oos.writeObject(name +"说："+msg);
            //oos.flush();
            //通过调用 sendToAll 来群发消息给所有客户端
            sendToAll(name +"说："+msg);
        }
        ...
```

动手练习

在 ChatChannel 类的 run()方法中，增加在收到客户端消息时群发消息的代码。

9.2.6 联合测试群聊

首先启动服务器端和 3 个客户端；然后在 3 个客户端的控制台中，分别输入名称"aaa""bbb""ccc"，并分别发送一条消息；最后 ccc、bbb 和 aaa 分别退出聊天室。图 9-2、图 9-3、图 9-4 和图 9-5 所示分别为服务器端、aaa 客户端、bbb 客户端和 ccc 客户端的控制台输出。

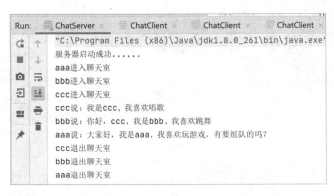

图 9-2 服务器端的控制台输出

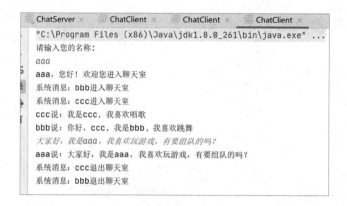

图 9-3　aaa 客户端的控制台输出

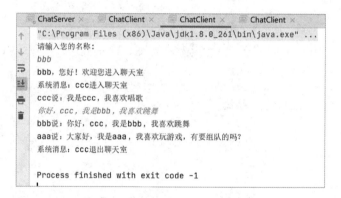

图 9-4　bbb 客户端的控制台输出

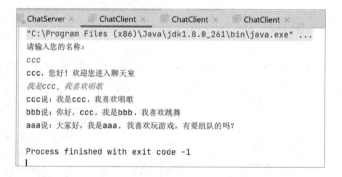

图 9-5　ccc 客户端的控制台输出

动手练习

联合测试群聊。

9.2.7　选择文件并提交到码云

第一步：选择提交文件。

　　右击项目，在弹出的快捷菜单中选择"Git"→"Commit Directory"选项，如图 9-6 所示。在弹出的对话框中只选择提交 ChatChannel.java 文件代码，不需要对 class 文件进行管理，填写"第 3 个版本，实现群聊"说明，单击"Commit"按钮，即可提交代码，如图 9-7 所示。

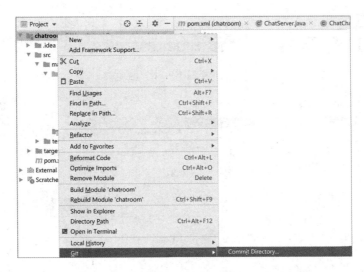

图 9-6　选择"Commit Directory"选项

图 9-7　选择需要进行版本管理的文件并填写版本说明

　　第二步：提交到码云。

　　右击项目，在弹出的快捷菜单中选择"Git"→"Repository"→"Push"选项，如图 9-8 所示。在弹出的"Push Commits to chatroom"对话框中，单击"Push"按钮，即可将代码提交到码云，如图 9-9 所示。登录码云可以看到第 3 个版本已经同步到码云，如图 9-10 所示。

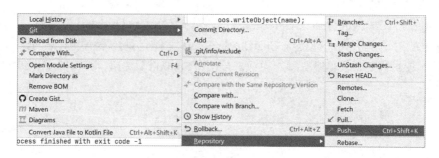

图 9-8　选择"Push"选项

图 9-9　单击"Push"按钮

图 9-10　第 3 个版本已经同步到码云

动手练习

提交实现群聊的版本到码云。

9.3　任务 2：私聊的实现

9.3.1　私聊的实现思路和 String 的相关方法

私聊功能的实现也只涉及服务器端。让服务器端对客户端发送过来的聊天信息进行解析，如果以"@name#"开头的格式输入消息，则通过解析得到客户端要私聊的对象，并把消息单独发送给要私聊的客户端，否则群发该消息。

如何知道消息是以"@name#"开头的呢？如何通过解析得到客户端要私聊的对象？我们可以调用 String 类的定位字符出现位置的 indexOf(char c)方法，获得"@"和"#"在消息字符串中出现的位置，从而确定消息是否以"@name#"开头。如果是，则依据这两个位置调用 String 类获得指定位置之间字符串的 substring(int beginIndex,int endIndex)方法解析出 name，即客户端要私聊的对象名称。

本版将增加一个发送私聊消息的 sendSecretMsg()方法，并在群发消息前增加代码判断是否是私聊消息，如果是，则调用发送私聊消息的 sendSecretMsg()方法，否则调用群发消息的 sendToAll()方法。

9.3.2　定义发送私聊消息的 sendSecretMsg()方法

在 ChatChannel 类中定义发送私聊消息的 sendSecretMsg()方法。该方法包括私聊对象名称 secretName 和私聊消息 msg 两个参数，首先将 secretName 作为关键字，然后调用 allMap 的 get()方法可以很方便地获得私聊对象对应的输出流对象，最后通过该对象调用 writeObject()方法，即可实现私聊。

具体代码如下。

```
...
        private void sendSecretMsg(String secretName,String msg) throws
IOException {
            //获得私聊对象的输出流对象
            ObjectOutputStream secretOOS=allMap.get(secretName);
            System.out.println(name+"悄悄地对"+secretName+"说："+msg);
            secretOOS.writeObject(name+"悄悄地对您说："+msg);
            secretOOS.flush();
        }
    ...
```

动手练习

增加定义发送私聊消息的 sendSecretMsg()方法。

9.3.3　解析客户端发送的消息以区分私聊和群聊

对客户端发送的聊天信息进行解析，如果以"@name#"开头的格式输入消息，则解析出私聊的对象名称，并调用发送私聊消息的 sendSecretMsg()方法，否则调用群发消息给所有客户端的 sendToAll()方法。String 类常用方法如表 9-2 所示。

表 9-2　String 类常用方法

方法声明	功能描述
int indexOf(int ch)	返回指定字符第一次出现在字符串内的索引
String substring(int beginIndex,int endIndex)	返回字符串的子串。子串为索引 beginIndex 和 endIndex－1 之间的字符

　　解析聊天信息，调用 String 类的 indexOf('@')方法，获得"@"在消息字符串中的位置。如果返回 0，则表示以"@"打头，此时可以调用 String 类的 indexOf('#')方法，获得"#"在消息字符串中的位置，并调用 substring(1,msg.indexOf('#'))方法，得到第 2 个和"#"前面的字符串，即 name 的值。

　　最终代码如下。

```java
...
public class ChatChannel implements Runnable {
...
    public void run() {
        try {
            recvNameAndEchoHello();

            while(true){
                String msg= (String) ois.readObject();
                //增加判断是否私聊的代码
                if(msg.indexOf('@')==0){
                    //获取私聊对象名称
                    int end=msg.indexOf('#');
                    String secretName=msg.substring(1,end);
                    String secretMsg=msg.substring(end+1);
                    //调用发送私聊消息的方法
                    sendSecretMsg(secretName,secretMsg);
                }
                else {
                    //转发非私聊消息给所有客户端
                    System.out.println(name + "说: " + msg);
                    sendToAll(name + "说: " + msg);
                }
            }
        } catch (IOException e) {
            ...

        } catch (ClassNotFoundException e) {
            e.printStackTrace();
        }
    }
...
```

```
    }
```

动手练习

添加代码,在收到客户端的消息时,判断是否为私聊,如果是私聊,则解析出私聊的对象,并发送私聊消息给对方。

9.3.4 联合测试私聊

已经运行过的程序可以在 Intellij IDEA 的 Run 窗口中快速启动。这时可以切换到程序的 tab,单击左边的 ▶或 ■ 按钮启动或终止程序。还可以单击 🗑 按钮,删除之前控制台的输出,如图 9-11 所示。

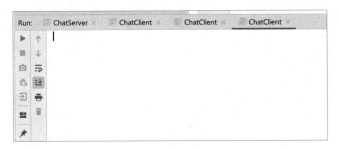

图 9-11 Run 窗口

首先启动服务器端和 3 个客户端,然后在 3 个客户端的控制台中,分别输入名称“aaa”“bbb”“ccc”,并实现 aaa 给 bbb 发送一条私聊信息,bbb 给 aaa 回发一条私聊信息,bbb 又给 ccc 发送一条私聊信息,ccc 又给 bbb 回发一条私聊信息;最后 aaa、bbb 和 ccc 分别群发了一条信息。图 9-12、图 9-13、图 9-14 和图 9-15 所示分别为服务器端、aaa 客户端、bbb 客户端和 ccc 客户端的控制台输出。

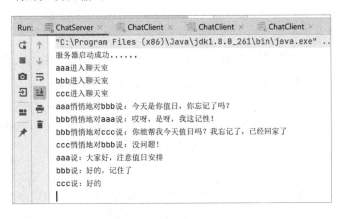

图 9-12 服务器端的控制台输出

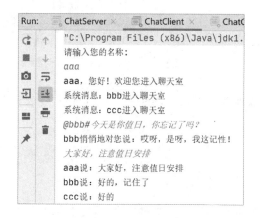

图 9-13　aaa 客户端的控制台输出

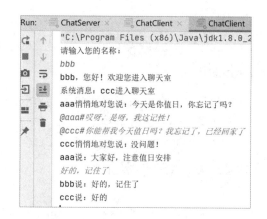

图 9-14　bbb 客户端的控制台输出

图 9-15　ccc 客户端的控制台输出

动手练习

联合测试本私聊。

9.3.5　选择文件并提交到码云

第一步：选择提交文件。

右击项目，在弹出的快捷菜单中选择"Git"→"Commit Directory"选项，在弹出的对话框中只选择提交 ChatChannel.java 文件代码，不需要对 class 文件进行管理，填写"第 4 个版本，实现私聊"说明，单击"Commit"按钮，即可提交代码，如图 9-16 所示。在出现警告或错误时会在代码分析对话框中提醒，可以单击"Review"、"Commit"或"Cancel"按钮进行提交，如图 9-17 所示。这里直接单击"Commit"按钮即可。

第二步：提交到码云。

右击项目，在弹出的快捷菜单中选择"Git"→"Repository"→"Push"选项，如图 9-18 所示。在弹出的对话框中，单击"Push"按钮，即可将代码提交到码云。登录码云可以看到第 4 个版本已经同步到码云，如图 9-19 所示。

图 9-16　选择需要进行版本管理的文件并填写版本说明

图 9-17　代码分析对话框

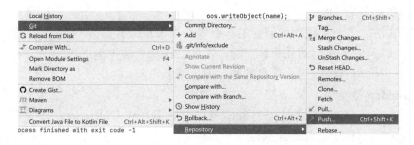

图 9-18　选择"Push"选项

图 9-19　第 4 个版本已经同步到码云

动手练习

提交测试通过的本版本代码到码云。

阶段测试：多线程、字符串、I/O 流、异常及集合类测试

一、判断题

1. 程序需要同时处理多个客户端的请求是多线程的应用场景。 （　　）
2. 程序需要既能随时发送消息，也能随时接收消息是多线程的应用场景。 （　　）
3. 客户端能够发送多条消息，服务器端也必须能够接收多条消息。 （　　）
4. 为了服务器端总是能够接收客户端的消息，服务器端接收客户端发送的消息可以用一个永久循环来实现。 （　　）
5. IDEA 提供了抽取局部变量为成员变量的功能。 （　　）
6. IDEA 提供了抽取代码到方法中的功能。 （　　）
7. 将 ChatChannel 类线程体中不断接收客户端消息的循环条件 while(true)改为 while(socket!=null)。 （　　）
8. 系统要有多个 CPU 才会出现并行。 （　　）
9. 在默认情况下，主线程和创建的新线程都为用户线程。 （　　）
10. 多人聊天室系统启动几个客户端，就会创建几个客户端进程。 （　　）
11. Map 中的集合可以包含重复的键，但值不能重复。 （　　）
12. HashMap 是实现了 Map 接口的类。 （　　）
13. 在 Map 中，键的集合是一个 Set，值的集合是一个 Collection。 （　　）
14. Map 中 keySet()方法的结果是一个 Set。 （　　）
15. Map 中 values()方法的结果是一个 Collection。 （　　）
16. 在 Map 中添加一个键-值对的方法是 put(K key,V value)。 （　　）
17. 获得 Map 指定键对应的值的方法是 get(K key)。 （　　）
18. 如果一个对象修改了其 static 的 member 成员，则所有其他的同类对象看到的 member 都是修改后的值。 （　　）
19. String 类的 indexOf()方法可以返回字符串是否包含参数所表示的字符或字符串。 （　　）
20. String 类的 substring(int start,int end)返回从下标 start 开始到 end 结束的子串，包含 end 指定的下标位置的字符。 （　　）

二、选择题

1. 在服务器处理客户端连接的线程体的过程中，接收用户姓名并发送欢迎信息是相对

固定的代码，可以考虑抽取这部分代码到一个方法中。线程体还需要能够接收客户端发送过来的聊天信息。这会产生一个问题，即出现在 run()方法中的 ois、oos、name 变量，需要在不同的方法中（至少在抽取的方法和 run()方法中）用到它们，解决方法是（　　）。

    A．将它们定义成成员变量　　　　　　B．将它们定义成方法中的局部变量

    C．将它们删除不用　　　　　　　　　D．以上都不对

2．下列在 IDEA 中的操作，可以抽取代码到方法中的是（　　）。

    A．选中相关行并右击，在弹出的快捷菜单中依次选择"Refactor"→"Introduce Field"选项

    B．选中相关代码并右击，在弹出的快捷菜单中依次选择"Refactor"→"Extract Method"选项

    C．选中相关代码并右击，在弹出的快捷菜单中依次选择"Refactor"→"Rename"选项

    D．以上都不对

3．下列在 IDEA 中的操作，可以抽取局部变量为成员变量的是（　　）。

    A．选中相关行并右击，在弹出的快捷菜单中依次选择"Refactor"→"Introduce Field"选项

    B．选中相关代码并右击，在弹出的快捷菜单中依次选择"Refactor"→"Extract Method"选项

    C．选中相关代码并右击，在弹出的快捷菜单中依次选择"Refactor"→"Rename"选项

    D．以上都不对

4．InputStream is= socket.getInputStream();可能抛出（　　）。

    A．ClassNotFoundException　　　　　B．IOException

    C．FileNotFoundException　　　　　　D．不会抛出异常

5．ObjectInputStream ois=new ObjectInputStream(is);（is 是 InputStream 对象）可能抛出（　　）。

    A．ClassNotFoundException　　　　　B．IOException

    C．FileNotFoundException　　　　　　D．不会抛出异常

6．String name= (String) ois.readObject();（ois 是 ObjectInputStream 对象）可能抛出（　　）。

    A．ClassNotFoundException　　　　　B．IOException

    C．FileNotFoundException　　　　　　D．不会抛出异常

7．OutputStream os=socket.getOutputStream(); 可能抛出（　　）。

    A．ClassNotFoundException　　　　　B．IOException

    C．FileNotFoundException　　　　　　D．不会抛出异常

8．ObjectOutputStream oos=new ObjectOutputStream(os);（os 是 OutputStream 对象）可能抛出（　　）。

      A．ClassNotFoundException   B．IOException

      C．FileNotFoundException   D．不会抛出异常

9．oos.writeObject(name +"说："+msg);（oos 是 ObjectOutputStream 对象）可能抛出（   ）。

      A．ClassNotFoundException   B．IOException

      C．FileNotFoundException   D．不会抛出异常

10．recvNameAndEchoHello()方法中的代码会抛出 ClassNotFoundException 异常和 IOException 异常，如果不处理该方法的异常，则该方法的签名将为（   ）。

      A．private void recvNameAndEchoHello()

      B．private void recvNameAndEchoHello() throws [IOException,

         ClassNotFoundException]

      C．private void recvNameAndEchoHello() throws IOException,

         ClassNotFoundException

      D．以上都不对

11．如果有数据需要被共享给所有对象使用时，则可以使用（   ）修饰符。

      A．static   B．final   C．public   D．common

12．如果客户端按照约定以“@name#”开头的格式输入消息，则表示这是一条私聊信息，服务器端需要在收到客户端发送的消息时获取指定的私聊对象（假设客户端发送的消息已经保存到字符串的 msg 变量中），解决方法是（   ）。

      A．调用 msg.startWith('@')方法，获得私聊对象

      B．调用 String 类的 indexOf()方法，获得私聊对象

      C．用 String 类的 indexOf('@')方法，获得“@”在消息字符串中的位置，如果返回

         0，则表示以“@”打头，此时可以调用 String 类的 indexOf('#')方法获得“#”

         在消息字符串中的位置，并调用 substring(1,msg.indexOf('#'))方法，得到第 2 个

         和“#”前面的字符串，即 name 的值

      D．以上都不对

13．下列关于异常处理的描述，错误的是（   ）。

      A．程序运行时异常由 Java 虚拟机自动进行处理

      B．使用 try-catch-finally 语句捕获异常

      C．可使用 throw 语句抛出异常

      D．捕获到的异常只能在当前方法中处理，不能在其他方法中处理

14．（   ）不是 Collection 的子接口。

      A．List   B．Set   C．SortedSet   D．Map

15．在 Java 的集合框架中，使用重要的接口 java.util.Collection 定义了许多方法。在下列选项中，（   ）方法是 Collection 接口所定义的。

      A．int size()   B．boolean containsAll(Collection c)

      C．compareTo(Object obj)   D．boolean remove(Object obj)

单元 *10* 提高系统健壮性和用户体验

学习目标

- 学习主动处理异常，提高系统健壮性和用户体验。
- 培养分析问题和解决问题的能力。
- 培养精益求精的工匠精神。

10.1 任务描述及实现思路

系统的第 4 个版本已经完成了聊天室的功能，但是这个系统的健壮性及用户体验还有待提高，如服务器端未启动、聊天过程中服务器端宕机等。

（1）如果服务器端未启动，只启动客户端，就会得到用户体验不好的输出，如图 10-1 所示。

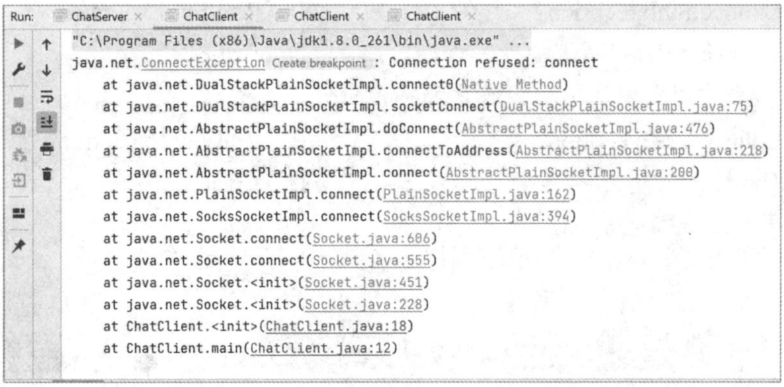

```
Run:    ChatServer ×    ChatClient ×    ChatClient ×    ChatClient ×
 ▶  ↑    "C:\Program Files (x86)\Java\jdk1.8.0_261\bin\java.exe" ...
 ✦  ↓    java.net.ConnectException Create breakpoint : Connection refused: connect
 ■  ⇥        at java.net.DualStackPlainSocketImpl.connect0(Native Method)
 ⊡  ⇥        at java.net.DualStackPlainSocketImpl.socketConnect(DualStackPlainSocketImpl.java:75)
 ⊙  ⊟        at java.net.AbstractPlainSocketImpl.doConnect(AbstractPlainSocketImpl.java:476)
 ⊠  ⎙        at java.net.AbstractPlainSocketImpl.connectToAddress(AbstractPlainSocketImpl.java:218)
 ⊡  ⌦        at java.net.AbstractPlainSocketImpl.connect(AbstractPlainSocketImpl.java:200)
            at java.net.PlainSocketImpl.connect(PlainSocketImpl.java:162)
 ▦          at java.net.SocksSocketImpl.connect(SocksSocketImpl.java:394)
 ⚲          at java.net.Socket.connect(Socket.java:606)
            at java.net.Socket.connect(Socket.java:555)
            at java.net.Socket.<init>(Socket.java:451)
            at java.net.Socket.<init>(Socket.java:228)
            at ChatClient.<init>(ChatClient.java:18)
            at ChatClient.main(ChatClient.java:12)
```

图 10-1　服务器端未启动时客户端的输出

（2）如果聊天过程中服务器端宕机，客户端接收线程还在不停地尝试接收，那么采用默认的异常处理手段，客户端也会得到用户体验不好的输出，如图 10-2 所示。

图 10-2 聊天过程中服务器端宕机客户端的输出

本单元就是处理①服务器端未运行和②聊天过程中服务器端宕机的情况。

服务器端未启动时，客户端的处理方法有两种。

方法一：简单处理。主动处理异常，输出"服务器连接不上，请稍后再试！"直接退出，具体处理参见 10.2 节。

方法二：高级处理。不断尝试连接服务器端，直到服务器端启动，具体处理参见 10.3 节。

聊天过程中服务器端宕机，客户端的处理方法也有两种。

方法一：简单处理。主动处理异常，输出"服务器宕机，请稍后再试！"直接退出，具体处理参见 10.4 节。

方法二：高级处理。不断尝试连接服务器端，直到服务器端启动。这个方式更好，因为在通常情况下，服务器端应该能很快恢复，具体处理参见 10.5 节。

随堂测试

1. 服务器端未启动时，客户端将抛出什么类型的异常？（　　　）（多选）
   A. ConnectionException　　　　　　B. RuntimeException
   C. Throwable　　　　　　　　　　　D. Error
2. 聊天过程中服务器端宕机，客户端将抛出什么类型的异常？（　　　）（多选）
   A. ConnectionException　　　　　　B. RuntimeException
   C. Throwable　　　　　　　　　　　D. Error

参考答案：1. AC　2. AC

10.2　简单处理服务器端未启动：提示后直接退出

10.2.1　定位处理位置

从图 10-1 中可以看出，程序是在执行 ChatClient 的第 18 行代码"Socket client=new

Socket("localhost",9900);"时抛出 java.net.ConnectException 异常，处理位置应该是在捕获该异常的地方。如图 10-3 所示，根据 ConnectException 类的继承层次，可以知道该类是 IOException 异常的间接子类，所以处理位置就是捕获 IOException 异常的位置。后面我们将先删除之前默认的处理代码"e.printStackTrace();"，再明确提示"服务器连接不上，请稍后再试！"并退出程序。

```
java.lang.Object
    java.lang.Throwable
        java.lang.Exception
            java.io.IOException
                java.net.SocketException
                    java.net.ConnectException
```

图 10-3 ConnectException 类的继承层次

随堂测试

服务器端未启动时，客户端将抛出什么类型的异常？（   ）（多选）

A．ConnectionException   B．IOException

C．Exception   D．Throwable

参考答案：ABCD

10.2.2 在处理位置出现提示后直接退出

在捕获"Socket client=new Socket("localhost",9900);"语句时，抛出 IOException 异常的位置，删除默认的处理代码"e.printStackTrace();"，添加代码（**见黑色字体部分**）以明确提示"服务器连接不上，请稍后再试！"并退出程序。最终代码如下。

```java
import java.io.*;
import java.net.Socket;
import java.util.Scanner;

public class ChatClient {
    private  Socket socket;
    private ObjectOutputStream oos;
    private ObjectInputStream ois;
    private  String name;

    public static void main(String[] args) {
        new ChatClient();
    }


    public ChatClient(){
        try {
```

```
        //创建一个连接服务器 9900 端口请求的 Socket
        socket = new Socket("localhost",9900);
        sendNameAndRecvEcho();

        //在客户端添加处理接收消息的线程并启动
        new Thread(){
            @Override
            public void run() {
                while(socket!=null){
                    try {
                        String msg= (String) ois.readObject();
                        System.out.println(msg);

                    } catch (IOException e) {
                        e.printStackTrace();
                    } catch (ClassNotFoundException e) {
                        e.printStackTrace();
                    }
                }
            }
        }.start();

        //在客户端添加处理发送消息的线程并启动
        new Thread(){
            @Override
            public void run() {
                while(socket!=null){
                    try {
                        Scanner sc=new Scanner(System.in);
                        String msg=sc.nextLine();
                        oos.writeObject(msg);
                    } catch (IOException e) {
                        e.printStackTrace();
                    }
                }
            }
        }.start();

} catch (IOException e) {
    //这里处理服务器端未启动
    System.out.println("服务器连接不上，请稍后再试！");
    System.exit(1);
} catch (ClassNotFoundException e) {
```

```
        //处理 readObject()方法的异常
        e.printStackTrace();
    }
  }
}
```

System.exit(int status)的作用是终止当前正在运行的 Java 虚拟机，其中 status 表示退出的状态码，数值非零为异常终止，并且无论 status 为何值程序都会退出。与 return 相比不同的是，return 是回到上一层，而 System.exit(status)是回到顶层。

随堂测试

printStackTrace()方法可以做什么？

参考答案：printStackTrace()是 Exception 的一个方法，用于输出异常的调用堆栈，帮助程序员定位抛出异常的位置。

动手练习

捕获 "Socket client=new Socket("localhost",9900);" 语句抛出的 IOException 异常的位置，删除默认的处理代码 "e.printStackTrace();"，添加代码以明确提示 "服务器连接不上，请稍后再试！" 并退出程序。

10.2.3 测试客户端并提交代码到码云

第一步：测试客户端。

关闭服务器端，启动客户端，客户端控制台将输出 "服务器无法连接，请稍后再试！" 并退出，如图 10-4 所示。

图 10-4 简单处理服务器端未启动客户端的输出

第二步：同步代码到码云。

右击项目，在弹出的快捷菜单中选择 "Git" → "Commit Directory" 选项，在弹出的对话框中只选择需要提交的 ChatClient.java 文件代码，填写 "第 5 个版本，对服务器端未启动的简单处理" 说明，单击 "Commit" 按钮，即可提交代码，最后提交到码云。

动手练习

关闭服务器端，启动客户端进行测试，测试无误后提交新的版本到码云。

10.3 高级处理服务器端未启动：尝试不断连接服务器

main()方法最好不要涉及更多业务代码。最好将不断连接服务器的代码独立出来定义成一个 connect()方法，将输入并发送姓名和接收欢迎信息的代码抽取到一个 sendNameAndRecvEcho()方法中，并在 main()方法中调用这两个方法。这会引起多个方法中有共同使用的局部变量，所以我们首先要抽取局部变量为成员变量，然后将输入并发送姓名和接收欢迎信息的代码抽取到一个 sendNameAndRecvEcho()方法中，并将连接服务器的代码独立出来定义成一个 connect()方法，最后在 main()方法中调用 connect()方法和 sendNameAndRecvEcho()方法。

10.3.1 在 ChatClient 中定义连接服务器的 connect()方法

定义连接服务器的 connect()方法，在连接失败时（抛出 IOException 异常时），提示输出"尝试重新连接服务器……"，并不断尝试连接新服务器，直到连接成功，代码如下。

```java
public void connect(){
    while(socket==null){
        //创建一个连接服务器 9900 端口请求的 Socket
        try {
            socket = new Socket("localhost", 9900);
        } catch (IOException e) {
            System.out.println("尝试重新连接服务器......");
            socket=null;
        }
        try {
            Thread.sleep(3000);
        } catch (InterruptedException e) {
            e.printStackTrace();
        }
    }
}
```

在上面代码中，"Thread.sleep(3000);"语句让当前线程休眠 3000 毫秒，之前我们是使用"Thread.currentThread().sleep(100);"语句让当前线程休眠 100 毫秒。其实 sleep()是 Thread 类的静态方法，作用是让线程在指定的持续时间内休眠。所以，该方法可以用类名直接调用，也可以用 Thread 的对象来调用，通过 Thread.Thread.currentThread()获得当前线程对象。sleep()方法会抛出 InterruptedException 异常，在调用它的地方要处理这个异常。

下列关于 Thread 类的 sleep()方法，错误的是（　　　）。

A．sleep()是 Thread 类的静态方法

B．sleep()方法会抛出 InterruptedException 异常，在调用它的地方要处理这个异常

C．sleep()方法只能用类名来调用

D．sleep()方法的参数可以指定休眠的时间

参考答案：A

10.3.2　通过调用 connect()方法来连接服务器

在 ChatClient 类的构造方法中，通过调用 connect()方法来连接服务器，最终代码如下。

```java
public ChatClient(){
 try {
     //通过调用 connect()方法来连接服务器
     connect();
     sendNameAndRecvEcho();

     //在客户端添加处理接收消息的线程并启动
     new Thread(){
         @Override
         public void run() {
             while(socket!=null){
                 try {
                     String msg= (String) ois.readObject();
                     System.out.println(msg);

                 } catch (IOException e) {
                     e.printStackTrace();
                 } catch (ClassNotFoundException e) {
                     e.printStackTrace();
                 }
             }
         }
     }.start();

     //在客户端添加处理发送消息的线程并启动
     new Thread(){
         @Override
         public void run() {
             while(socket!=null){
```

```
                        try {
                            Scanner sc=new Scanner(System.in);
                            String msg=sc.nextLine();
                            oos.writeObject(msg);
                        } catch (IOException e) {
                            e.printStackTrace();
                        }
                    }
                }
            }.start();

        } catch (IOException e) {
            //这里处理"sendNameAndRecvEcho();"语句抛出的异常
            System.out.println("服务器无法连接，请稍后再试！");
            System.exit(1);
        } catch (ClassNotFoundException e) {
            //处理 readObject()方法的异常
            e.printStackTrace();
        }
    }
```

　　虽然服务器端未启动抛出的 IOException 异常已经在 connect()方法中处理了，但是由于"sendNameAndRecvEcho();"语句还可能会抛出 IOException 异常，因此还是需要保留"catch (IOException e)"语句。只是这里需要处理"sendNameAndRecvEcho();"语句抛出的异常，所以注释需要修改得更准确一些，即修改为"这里处理'**sendNameAndRecvEcho();**'语句抛出的异常"。

动手练习

　　在 ChatClient 类中定义连接服务器的 connect()方法并在构造方法中调用该方法。

10.3.3　联合测试并提交到码云

　　第一步：联合测试。

　　关闭服务器程序，启动 1 个客户端程序，隔一段时间后启动服务器程序。客户端在服务器端未启动时，会不断提示"尝试重新连接服务器……"，但是在服务器端启动后，就会提示输入姓名，进入正常的聊天环境，如图 10-5 所示。

　　第二步：同步代码到码云。

　　右击项目，在弹出的快捷菜单中选择"Git"→"Commit Directory"选项，在弹出的对话框中只选择需要提交的 ChatClient.java 文件代码，填写说明，单击"Commit"按钮，即可提交代码，最后提交到码云。

图 10-5　高级处理服务器端未启动客户端的输出

动手练习

1. 启动服务器程序和 3 个客户端，联合测试客户端修改后的代码。
2. 将测试无误后的代码提交到码云。

10.4　简单处理聊天过程中服务器端宕机：提示后直接退出

10.4.1　定位处理位置

从图 10-2 中可以看出，程序在客户端接收线程执行" String msg= (String) ois.readObject();"语句时抛出 ConnectionException 异常，处理位置应该在捕获该异常的地方，这是因为 ConnectionException 异常是 IOException 异常的间接子类，所以和处理服务器端未启动一样，捕获 IOException 异常的位置。

因为客户端发送线程也会抛出这个异常，所以处理的位置就是发送线程捕获 IOException 异常的地方。

还有执行" sendNameAndRecvEcho();"语句也会抛出这个异常。类似地，处理位置是在捕获调用" sendNameAndRecvEcho();"语句抛出 IOException 异常的地方。

在上述 3 个位置处删除默认的 e.printStackTrace()，改为输出提示"服务器宕机，请稍后再试！"并退出。

随堂测试

聊天过程中服务器端宕机，客户端将抛出什么类型的异常？（　　　）（多选）

A. ConnectionException　　　　　　　　B. SocketException

C. IOException   D. Exception
参考答案：ABCD

10.4.2 简单处理聊天过程中服务器端宕机

在接收线程 run()方法中捕获"String msg= (String) ois.readObject();"语句抛出的 IOException 异常的 catch 语句块，在发送线程 run()方法中捕获 IOException 异常的 catch 语句块，以及在构造方法中捕获 IOException 异常的 catch 语句块，删除默认的处理代码 "e.printStackTrace();"，添加代码（见黑色字体部分）以明确提示"服务器宕机，请稍后再试！"并退出程序。最终代码如下。

删除默认的见黑色代码部分。

```java
import java.io.*;
import java.net.Socket;
import java.util.Scanner;


public class ChatClient {
    private  Socket socket;
    private ObjectOutputStream oos;
    private ObjectInputStream ois;
    private  String name;

    public static void main(String[] args) {
        new ChatClient();
    }

    public ChatClient(){
        try {
            //通过调用connect()方法来连接服务器
            connect();
            sendNameAndRecvEcho();

            //在客户端添加处理接收消息的线程并启动
            new Thread(){
              @Override
              public void run() {
                  while(socket!=null){
                      try {
                          String msg= (String) ois.readObject();
                          System.out.println(msg);

                      } catch (IOException e) {
```

```
                            System.out.println("服务器宕机，请稍后再试！");
                            System.exit(1);
                        } catch (ClassNotFoundException e) {
                            e.printStackTrace();
                        }
                    }
                }
            }.start();

            //在客户端添加处理发送消息的线程并启动
            new Thread(){
                @Override
                public void run() {
                    while(socket!=null){
                        try {
                            Scanner sc=new Scanner(System.in);
                            String msg=sc.nextLine();
                            oos.writeObject(msg);
                        } catch (IOException e) {
                            System.out.println("服务器宕机，请稍后再试！");
                            System.exit(-1);
                        }
                    }
                }
            }.start();

        } catch (IOException e) {
            //这里处理"sendNameAndRecvEcho();"语句抛出的异常
            System.out.println("服务器宕机，请稍后再试！");
            System.exit(-1);
        } catch (ClassNotFoundException e) {
            //处理 readObject()方法的异常
            e.printStackTrace();
        }
    }

    private void sendNameAndRecvEcho() throws IOException,
ClassNotFoundException {
        //连接成功后提示输入
        System.out.println("请输入您的姓名：");
        //通过 Scanner 实现从控制台输入
        //注意需要将 System.in 参数传入，表示标准输入，即从键盘输入
```

```
        Scanner sc=new Scanner(System.in);
        name = sc.nextLine();

        //获得与服务器端通信的输出流对象，准备向服务器端发送姓名
        OutputStream os= socket.getOutputStream();
        //将最基础的OutputStream对象包装成对象流
        oos=new ObjectOutputStream(os);
        //通过调用对象流的writeObject()方法来向服务器端发送姓名
        oos.writeObject(name);
        oos.flush();

        //获得与服务器端通信的输入流对象，准备接收服务器端的消息
        InputStream is= socket.getInputStream();
        //将最基础的InputStream对象包装成对象流
        ois=new ObjectInputStream(is);
        //通过调用对象流的readObject()方法来获得服务器端发送的消息
        //并在控制台输出
        System.out.println(ois.readObject());
    }

    public void connect(){
        while(socket==null){
            //创建一个连接服务器9900端口请求的Socket
            try {
                socket = new Socket("localhost", 9900);
            } catch (IOException e) {
                System.out.println("尝试重新连接服务器......");
                socket=null;
            }
            try {
                Thread.sleep(3000);
            } catch (InterruptedException e) {
                e.printStackTrace();
            }
        }
    }
}
```

动手练习

添加代码实现"简单处理聊天过程中服务器端宕机"。

10.4.3 联合测试简单处理并提交代码到码云

第一步：联合测试。

首先启动服务器程序和 3 个客户端；然后在 3 个客户端的控制台中输入姓名，并分别发送一条聊天信息，在关闭服务器程序后，都会提示"服务器宕机，请稍后再试！"；最后退出，用户体验提升了不少。图 10-6、图 10-7、图 10-8 和图 10-9 所示分别为服务器端、aaa 客户端、bbb 客户端和 ccc 客户端的控制台输出。

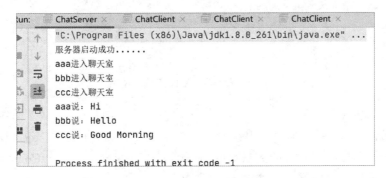

图 10-6 服务器端的控制台输出

图 10-7 aaa 客户端的控制台输出

图 10-8 bbb 客户端的控制台输出

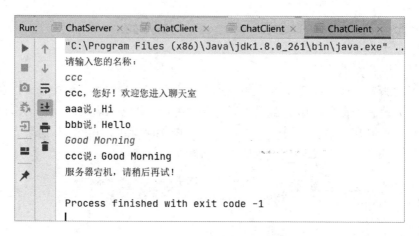

图 10-9 ccc 客户端的控制台输出

第二步：同步代码到码云。

右击项目，在弹出的快捷菜单中选择"Git"→"Commit Directory"选项，在弹出的对话框中只选择需要提交的 ChatClient.java 文件代码，填写说明，单击"Commit"按钮，即可提交代码，最后提交到码云。

动手练习

联合测试并提交代码到码云。

10.5 高级处理聊天过程中服务器端宕机：尝试不断连接服务器

定义一个重连方法 reconnect()，当在客户端发送线程、接收线程和构造方法中调用"sendNameAndRecvEcho();"语句抛出的 IOException 异常时，可以调用该方法尝试重新连接，直到服务器连接成功。在连接上服务器后，还需要向服务器端发送姓名。

10.5.1 在 ChatClient 中定义重连方法 reconnect()

重连方法 reconnect()需要完成的工作包括首先调用 connect()方法，在连接成功后，需要调用"sendNameAndRecvEcho();"语句重新发送姓名给服务器端并接收服务器端返回的欢迎信息；然后重新获得与服务器端通信的输出流对象和输入流对象，并接收服务器端返回的欢迎信息。这是因为服务器重启后，服务器端以前保存的姓名等信息都已经丢失了，客户端重新连接后与服务器端通信的输出流对象和输入流对象也需要更新。代码如下。

```
public static void reconnect() {
    connect();
```

```
        System.out.println("连接服务器成功！");
        try {
            sendNameAndRecvEcho();
        } catch (IOException e) {
            client=null;
            reconnect();
        } catch (ClassNotFoundException e) {
            e.printStackTrace();
        }
    }
```

上述代码在 reconnect()方法捕获 IOException 异常的 catch 语句块中，调用了 reconnect()
方法，这种自己调用自己的现象被称为递归。虽然递归可以使程序更简洁，但是递归是一
层一层地调用函数进栈，会大量存储重复的数据，占用大量内存，并且会有栈溢出的可能。

随堂测试

reconnect() 方法在通过调用 connect() 方法连接成功后，为什么要调用
sendNameAndRecvEcho()方法？

参考答案：因为服务器重启后，服务器端以前保存的姓名等信息都已经丢失了，而且
客户端重新连接后与服务器端通信的输出流对象和输入流对象也需要更新。

动手练习

在 ChatClient 中定义重连方法 reconnect()。

10.5.2　高级处理聊天过程中服务器端宕机

在接收线程 run()方法中捕获 "String msg= (String) ois.readObject();" 语句抛出的
IOException 异常的 catch 语句块，将 socket 设置为空，并调用 reconnect()方法，最终代码如下。

删除默认的见黑色代码部分。

```
import java.io.*;
import java.net.Socket;
import java.util.Scanner;

public class ChatClient {
    private  Socket socket;
    private ObjectOutputStream oos;
    private ObjectInputStream ois;
    private  String name;

    public static void main(String[] args) {
        new ChatClient();
```

```
        }

    public ChatClient(){
        try {
            //通过调用 connect()方法来连接服务器
            connect();
            sendNameAndRecvEcho();

            //在客户端添加处理接收消息的线程并启动
            new Thread(){
                @Override
                public void run() {
                    while(socket!=null){
                        try {
                            String msg= (String) ois.readObject();
                            System.out.println(msg);

                        } catch (IOException e) {
                            socket=null;
                            reconnect();
                        } catch (ClassNotFoundException e) {
                            e.printStackTrace();
                        }
                    }
                }
            }.start();

            //在客户端添加处理发送消息的线程并启动
            new Thread(){
                @Override
                public void run() {
                    while(socket!=null){
                        try {
                            Scanner sc=new Scanner(System.in);
                            String msg=sc.nextLine();
                            oos.writeObject(msg);
                        } catch (IOException e) {
                            socket=null;
                            reconnect();
                        }
                    }
                }
            }.start();
```

```
        } catch (IOException e) {
            //这里处理"sendNameAndRecvEcho();"语句抛出的异常
            socket=null;
            reconnect();
        } catch (ClassNotFoundException e) {
            //处理 readObject()方法的异常
            e.printStackTrace();
        }
    }


    private      void      sendNameAndRecvEcho()      throws      IOException,
ClassNotFoundException {
        //连接成功后提示输入
        System.out.println("请输入您的姓名：");
        //通过 Scanner 实现从控制台输入
        //注意需要将 System.in 参数传入，表示标准输入，即从键盘输入
        Scanner sc=new Scanner(System.in);
        name = sc.nextLine();

        //获得与服务器端通信的输出流对象，准备向服务器端发送姓名
        OutputStream os= socket.getOutputStream();
        //将最基础的 OutputStream 对象包装成对象流
        oos=new ObjectOutputStream(os);
        //通过调用对象流的 writeObject()方法来向服务器端发送姓名
        oos.writeObject(name);
        oos.flush();

        //获得与服务器端通信的输入流对象，准备接收服务器端的消息
        InputStream is= socket.getInputStream();
        //将最基础的 InputStream 对象包装成对象流
        ois=new ObjectInputStream(is);
        //通过调用对象流的 readObject()方法来获得服务器端发送的消息
        //并在控制台输出
        System.out.println(ois.readObject());
    }

public void connect(){
    while(socket==null){
        //创建一个连接服务器 9900 端口请求的 Socket
        try {
            socket = new Socket("localhost", 9900);
```

```
        } catch (IOException e) {
            System.out.println("尝试重新连接服务器......");
            socket=null;
        }
        try {
            Thread.sleep(3000);
        } catch (InterruptedException e) {
            e.printStackTrace();
        }
    }
}

public void reconnect() {
    connect();
    System.out.println("连接服务器成功！");
    try {
        sendNameAndRecvEcho();
    } catch (IOException e) {
        socket=null;
        reconnect();
    } catch (ClassNotFoundException e) {
        e.printStackTrace();
    }
}
}
```

联合测试会发现还有问题，即重连成功后，还需要用户再次输入姓名，这个用户体验不好。我们可以考虑修改 sendNameAndRecvEcho()方法，如果是重连成功的，则不需要用户再次输入姓名。

动手练习

在接收线程 run()方法中捕获 "String msg= (String) ois.readObject();" 语句抛出的 IOException 异常的 catch 语句块，在发送线程 run()方法中捕获 IOException 异常的 catch 语句块，以及在构造方法中捕获 IOException 异常的 catch 语句块，对聊天过程中服务器端宕机及逆行进行高级处理，即将 socket 设置为空，并调用 reconnect()方法。

10.5.3 修改 sendNameAndRecvEcho()方法

sendNameAndRecvEcho()方法要求客户端输入姓名，如果重连后还要再次输入，则用户体验不好。因此，需要在该方法中增加判断 name 是否为空，如果为空（服务器端未启动的情况），则输入姓名；如果不为空（聊天过程中服务器端宕机重连的情况），则直接发送。

代码如下。

```
        private void sendNameAndRecvEcho() throws IOException,
ClassNotFoundException {
            //判断 name 是否为空，重连接时不为空
            if (name==null) {
                System.out.println("请输入您的姓名：");
                //通过 Scanner 实现从控制台输入
                // 注意需要将 System.in 参数传入，表示标准输入，即从键盘输入
                Scanner sc = new Scanner(System.in);
                name = sc.nextLine();
            }

            //获得与服务器端通信的输出流对象，准备向服务器端发送姓名
            OutputStream os= socket.getOutputStream();
            //将最基础的 OutputStream 对象包装成对象流
            oos=new ObjectOutputStream(os);
            //通过调用对象流的 writeObject()方法来向服务器端发送姓名
            oos.writeObject(name);
            oos.flush();

            //获得与服务器端通信的输入流对象，准备接收服务器端的消息
            InputStream is= socket.getInputStream();
            //将最基础的 InputStream 对象包装成对象流
            ois=new ObjectInputStream(is);
            //通过调用对象流的 readObject()方法来获得服务器端发送的消息
            //并在控制台输出
            System.out.println(ois.readObject());
        }
```

随堂测试

为什么 sendNameAndRecvEcho()方法提示用户输入姓名前要判断姓名是否为空？

参考答案：因为服务器端宕机前客户端已经输入过姓名，再次让用户输入，体验不好。

动手练习

修改 sendNameAndRecvEcho()方法，使得调用 reconnect()方法后，用户不用再次输入姓名。

10.5.4　联合测试高级处理并提交代码到码云

第一步：联合测试。

首先启动服务器程序和 3 个客户端程序；然后在 3 个客户端的控制台中，分别输入名称"aaa""bbb""ccc"，并发送一条聊天信息；最后关闭服务器程序，会发现客户端在不断尝试连接。再次启动服务器程序，客户端重新连接成功后，就可以继续聊天了。图 10-10 所示为关闭服务器程序前的服务器端的控制台输出，图 10-11 所示为重启服务器程序后的服务器端的控制台输出。

图 10-10　关闭服务器程序前的服务器端的控制台输出

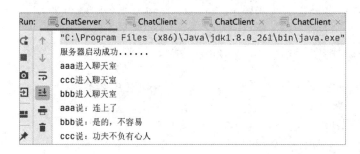

图 10-11　重启服务器程序后的服务器端的控制台输出

第二步：同步代码到码云。

右击项目，在弹出的快捷菜单中选择"Git"→"Commit Directory"选项，在弹出的对话框中只选择需要提交的 ChatClient.java 文件代码，填写说明，单击"Commit"按钮，即可提交代码，最后提交到码云。

动手练三

联合测试并提交代码到码云。

阶段测试：Java 程序设计测试

一、填空题

一组 Java 组件精心打扮出席化装舞会，中场时间有人提议要玩猜猜我是谁的游戏，你可以根据它们对自己的描述来猜测出提示的是哪位。规则是每个组件都得说实话，若某些提示同时对数个组件都为真，则将它们全部填入。

今晚出席舞会的有 instance variable（实例变量）、argument（参数）、return（返回）、getter、setter、encapsulation（封装）、public、private、pass by value（传递值）、method（方法）。

1. 一个类可以带有很多个_____。

2. 终止方法的执行或退出方法的是_____。

3. _____喜欢 private 的实例变量。

4. _____其实就是制作一个备份。

5. 需要只有 setter 才能更新的是_____。

6. 方法可以带很多个_____。

7. _____可以有许多个参数。

8. 被定义成采用一个参数的是_____。

9. _____可用于创建封装。

10. 被定义成参数列表为空的是_____。

二、选择题

1. 下列关于 Java 异常类的描述，错误的是（　　　）。

　　A．异常的继承结构：基类为 Throwable、Error 和 Exception 继承 Throwable，RuntimeException 和 IOException 继承 Exception

　　B．非运行时异常一般是外部错误（非 Error），其一般被 try{}中的 catch 语句块所捕获

　　C．Error 类体系描述了 Java 运行系统中的内部错误及资源耗尽的情形，Error 不需要捕获

　　D．RuntimeException 类体系包括错误的类型转换、数组越界访问和试图访问空指针等，必须被 try{}中的 catch 语句块所捕获

2. 下面程序的输出结果是（　　　）。

```java
import java.io.IOException;
public class E{
    public static void main(String args[]){
        try{methodA();}
        catch(IOException e){
            System.out.print("你好");
            return;
        }finally{
            System.out.println("fine thanks");
        }
    }
    public static void methodA() throws IOException{
        throw new IOException();
    }
}
```

A. 没有输出

B. 你好

C. 你好 fine thanks

D. 打印出异常信息在程序中出错的位置及原因

3. 下列关于 java static 的描述，错误的是（   ）。

   A. static 表示"全局"或"静态"的意思，用来修饰成员变量和成员方法，但是不能用来修饰语句块

   B. static int arr[] = new int[5];arr 里面的数字全部都会初始化为 0

   C. 静态变量在内存中只有一个备份，JVM 只为静态变量分配一次内存，即在加载类的过程中完成静态变量的内存分配，并通过对象来访问

   D. static 对象可以在它的任何对象创建之前访问，不需要引用任何对象

4. 下列关于捕获异常和抛出异常的描述，正确的是（   ）。

   A. 如果需要捕获不同类型的异常，为了方便处理，可以使用 catch(Exception e){...}

   B. 对异常捕获后的处理如果只是简单地调用 e.printStackTrace()，则用户体验不是很好

   C. 抛出异常和捕获异常的类型必须是完全匹配的，或者捕获的异常类型是抛出异常类型的父类

   D. 对异常捕获后的处理如果只是简单地调用 e.printStackTrace()，则可能导致系统崩溃

5. ObjectInputStream 的 readObject()方法会抛出哪些异常？（   ）。

   A. IOException   B. ClassNotFoundException

   C. NullPointerException   D. Exception

6. 下列关于 System.exit(int status)的描述，正确的是（   ）。

   A. System.exit(int status)的作用是终止当前正在运行的 Java 虚拟机

   B. status 表示退出的状态码，非零表示异常终止

   C. status 为 0 时程序才会退出

   D. 与 return 相比不同的是，return 是回到上一层，而 System.exit(status)是回到顶层

7. 下面程序向文件中写入 10 字节，则第 1 处和第 2 处正确的是（   ）。

```
import java.io.*;
public class  Fill04 {
public  static  void  main(String[]  args)  __1__  FileNotFoundException,
IOException { // 声明异常
File file = new File("fill04.dat");   // 创建文件对象
if (file.exists( )) {
System.out.println(" 文件已经存在! ");
System.exit(0);
}
FileOutputStream fos = new  FileOutputStream(file);
for (int i = 1; i <= 10; i++) {
```

```
fos.write(i);
}
___2___ ;      // 关闭文件
}
}
```

　　A．throw　　fos.close()　　　　　　　B．throws　　fos.close()

　　C．throw　　file.close()　　　　　　　D．throws　　file.close()

8．下列关于递归法的描述，错误的是（　　　）。

　　A．程序结构更简洁

　　B．占用 CPU 的处理时间更多

　　C．要消耗大量的内存空间，程序执行慢，甚至无法执行

　　D．递归法比递推法的执行效率更高

单元 *11* 图形用户界面的实现

- 掌握如何编写 GUI 界面。
- 灵活应用内部类、界面类作为事件监听者实现业务功能复杂的、系统的图形用户界面。
- 掌握如何用界面和业务代码分离的方式构建系统。

11.1 任务描述及实现思路

具备图形用户界面（GUI）是现在软件系统的基本要求。本单元为多人聊天室系统增加如图 11-1 所示的图形界面。通过本单元，读者可以学习 Java GUI 编程的基本技术，掌握如何用界面和业务代码分离的方式构建系统，由于界面类可以作为事件监听者，也可以作为业务类（ChatClient 类）的内部类，因此可以实现界面更新（聊天信息在聊天信息文本区显示）和符合业务需求的用户交互（单击"发送"按钮，或者在消息录入文本框中按 Enter 键，即可将聊天信息发送给服务器端）。

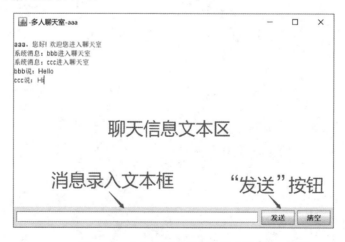

图 11-1　多人聊天室系统的图形界面

实现图形用户界面需要遵循以下原则。

（1）遵循软件设计"强内聚，低耦合"的原则，将界面代码和业务代码分离，即需要定义单独的界面类。界面类的实现思路同单元 5 定义一个初始化界面的方法和添加一个事件监听者的方法类似，可以在构造方法中调用。

（2）客户端将收到的服务器端的消息显示出来，之前都是采用"System.out.println()"语句在控制台中进行输出，现在需要全部替换为刷新聊天信息文本区来显示内容。在 ChatClient 类中定义一个 showMessage() 方法可以实现刷新聊天信息文本区，即通过调用该方法来全程替换"System.out.println()"语句。

（3）在图形界面中，单击"发送"按钮，或者在消息录入文本框中按 Enter 键，即可将在消息录入文本框中输入的聊天信息发送给服务器端。发送消息首先要获得消息录入文本框输入的内容，即要获得界面类中的消息录入文本框对象；然后要用到 ChatClient 类的 oos 对象，以及 ChatClient 类的 showMessage() 方法来实现需要获得界面类的聊天信息文本区对象。比较好的解决方案是将界面组件（如消息录入文本框、"发送"按钮、聊天信息文本区等）定义成界面类的成员变量，首先将界面类作为事件（单击"发送"按钮，或者在消息录入文本框中按 Enter 键）的监听者，在界面类中重写事件回调的方法（事件监听器接口中的方法），以便可以很容易地获得消息录入文本框对象；然后将界面类作为 ChatClient 类的内部类，这是因为内部类的方法可以直接访问外部类的成员，即可以直接使用 ChatClient 类的 oos 对象和其他成员包括方法；最后在 ChatClient 类中定义一个界面类的数据成员作为外部类，可以通过这个成员来调用界面类的成员。

（4）发送线程不再需要，发送都是在用户单击"发送"按钮，或者在消息录入文本框中输入完信息后按 Enter 键等事件发生时才执行，不再需要一个独立的线程，因此可以删除相关代码。

随堂测试

下列关于添加图形用户界面的描述，正确的是（　　　　）。（多选）

A．单独定义界面类

B．采用界面和业务代码分离的方式

C．定义一个 updateUI() 方法可以实现刷新聊天信息文本区，从而全程替换"System.out.println()"语句

D．取消发送线程

E．将界面类定义成业务类的内部类，以便共享业务类的数据成员和调用业务类的方法

参考答案：ABCDE

11.2 实现界面的 ClientUI 类

11.2.1 将界面组件定义成界面 ClientUI 类的成员变量

为了实现如图 11-1 所示的多人聊天室系统的图形界面和后面对接业务功能，我们需要定义一个界面的 ClientUI 类表示多人聊天室系统的图形界面。这个界面需要进行如下操作。

- 一个文本区（聊天信息文本区）显示聊天信息或系统信息，我们可以将其命名为 messageTextArea。
- 一个文本框（消息录入文本框）输入聊天信息，可以将其命名为 inputTextField。
- 一个"发送"按钮，可以将其命名为 sendButton。
- 一个"清空"按钮，可以将其命名为 clearButton。
- 一个包含上述图形组件的窗体，可以将其命名为 frame。

我们把它们定义成成员变量，以便给界面类的多个方法共享，代码如下。

```java
import javax.swing.*;
import java.awt.*;

class ClientUI {
    private JFrame frame;
    private JTextArea messageTextArea;
    private JTextField inputTextField;
    private JButton sendButton,clearButton;
...
```

随堂测试

下列关于私有成员变量的描述，正确的是（   ）。（多选）

A. 类的所有非静态方法可以直接访问

B. 类的所有非静态方法可以共享

C. 其他类要访问必须通过调用公共的 Getter/Setter

D. 可以使用 lombok 注解为它们添加 Getter/Setter

参考答案：ABCD

11.2.2 定义搭建界面的 initiateUI() 方法并在构造方法中调用

采用同单元 5 类似的思路，我们可以定义一个方法，并命名为 initiateUI()。在该方法中生成所有界面组件对象，包括窗体 frame、聊天信息文本区 messageTextArea、消息录入文本框 inputTextField、"发送"按钮 sendButton 和"清空"按钮 clearButton。

　　在 Java 中,这些组件添加到什么位置由容器的布局管理器决定。我们采用 BorderLayout(边界布局)布局方式(或布局管理器),这种方式将容器分为东、西、南、北、中 5 个部分,每个部分都可以放一个组件。中间是最大的,东、西、南、北是边。我们把聊天信息文本区 messageTextArea 放在 container 的中间(添加到中间的 add()方法中,只需指定添加哪个组件即可),消息录入文本框 inputTextField、"发送"按钮 sendButton 和"清空"按钮 clearButton 放在 container 的南边(添加到南边 add()方法中,需要多一个指定添加位置的参数 BorderLayout.SOUTH)。但是,这会出现问题,因为南边只能放一个。怎么办呢? 我们可以生成一个 JPanel 面板的 panel 对象,由于 panel 对象是一个容器,可以将消息录入文本框 inputTextField、"发送"按钮 sendButton 和"清空"按钮 clearButton 添加到 panel 中,因此 panel 可以作为一个整体(相当于一个组件)放在 container 的南边。JPanel 面板的默认布局方式是 FlowLayout(流式布局),即按照添加的顺序从容器的左上方开始,自左到右排列,放不下了,就另起一行,依然按照从左到右的顺序排列。BorderLayout 和 FlowLayout 是比较常用的布局管理器。

　　搭建完成后,执行代码还不会显示界面,这是因为显示界面不仅需要调用窗体的 setVisible()方法并传递一个参数值 true,而且需要调用 setSize 设置窗体的大小(没有只能看到标题部分),并通过 setDefaultCloseOperation(JFrame.EXIT_ON_CLOSE)实现单击"关闭"按钮就关闭程序,通过 setLocationRelativeTo(null)实现居中显示。

　　定义好 initiateUI()方法后可以在构造方法中调用它,为了测试界面效果是否满意,我们也可以在类中添加一个 main()方法,通过调用构造方法来实例化一个对象,并查看界面效果。最终代码如下。

```java
import javax.swing.*;
import java.awt.*;

public class ClientUI {
    private JFrame frame;
    private JTextArea messageTextArea;
    private JTextField inputTextField;
    private JButton sendButton,clearButton;
    public static void main(String[] args) {
        new ClientUI("aaa");
    }

    public ClientUI(String title ){
        initiateUI(title);
    }

    public initiateUI(String title ){
        //搭建界面
        frame=new JFrame(title);
```

```
Container container=frame.getContentPane();
container.setLayout(new BorderLayout());

messageTextArea=new JTextArea();
container.add(messageTextArea);

JPanel panel=new JPanel();
panel.setLayout(new FlowLayout());
inputTextField=new JTextField(40);
panel.add(inputTextField);
sendButton=new JButton("发送");
panel.add(sendButton);
clearButton=new JButton("清空");
panel.add(clearButton);
container.add(panel,BorderLayout.SOUTH);

//设置窗体属性，使窗口按一定大小居中显示，并且单击"关闭"按钮，即可退出程序
frame.setDefaultCloseOperation(JFrame.EXIT_ON_CLOSE);
frame.setVisible(true);
frame.setSize(600,400);
frame.setLocationRelativeTo(null);
    }
}
```

运行程序，得到如图 11-2 所示的界面效果。

图 11-2 界面效果

下列关于布局管理器的描述，正确的是（　　　）。（多选）

A. BorderLayout（边界布局）按照添加的顺序从容器的左上方开始，自左到右排列，放不下了，就另起一行，依然按照从左到右的顺序排列

B. FlowLayout（流式布局）将容器分为东、西、南、北、中 5 个部分，每个部分都可以放一个组件

C. Panel 的默认布局方式是 FlowLayout

D. 设置容器的布局方式可以调用 setLayout()方法

参考答案：CD

11.2.3　使 ClientUI 类成为事件监听者

上述代码只是得到一个可以显示的界面，在消息录入文本框中输入聊天信息后按 Enter 键，或者单击"发送"按钮或"清空"按钮都不会有任何响应，这是因为我们没有添加这些界面事件的监听者。

事件监听者就是处理事件的对象。为了更好地对接业务功能并且能够方便更新界面，我们让 ClientUI 类成为事件监听者，既可以处理在消息录入文本框中输入聊天信息后按 Enter 键的事件，也可以处理单击"发送"按钮或"清空"按钮的事件。

为了保证 ClientUI 类能够处理按 Enter 键的事件，就需要实现 KeyListener 接口。这是因为 KeyListener 接口预定义了所有按键事件所触发的方法，包括按下键时调用的 keyPressed(KeyEvent e)方法、释放键时调用的 keyReleased(KeyEvent e)方法和键入键时调用的 keyTyped(KeyEvent e)方法，如表 11-1 所示。这 3 个方法都有一个 KeyEvent 的参数，这是因为 KeyEvent 有很多重要的方法，如表 11-2 所示。其中，getKeyCode()方法可以返回与此事件中的键相关联的整 keyCode，如果是 Enter 键，则返回 KeyEvent.VK_ENTER（实际值为整数 10）。

表 11-1　KeyListener 接口预定义的方法

返回类型	方法	描述
void	keyPressed(KeyEvent e)	按下键时调用
void	keyReleased(KeyEvent e)	释放键时调用
void	keyTyped(KeyEvent e)	键入键时调用

表 11-2　KeyEvent 的重要方法

返回类型	方法	描述
int	getKeyCode()	返回与此事件中的键相关联的整 keyCode

我们只需在释放键时在调用的 keyReleased(KeyEvent e)方法中添加代码：如果按下了

Enter 键（e.getKeyCode()==KeyEvent.VK_ENTER），则会首先获取消息录入文本框中输入的内容并发送给服务器端，然后清空消息录入文本框中输入的内容（这部分代码被封装到 send()方法中）。

ClientUI 类要想处理按钮单击事件，就需要实现 ActionListener 接口。这是因为 ActionListener 接口预定义了单击事件发生时触发的 actionPerformed()方法，如表 11-3 所示。actionPerformed()方法有一个 ActionEvent 类型的参数，因为 ActionEvent 是 EventObject 的子类，所以 ActionEvent 继承自 EventObject 的 getSource()方法，可以获得事件最初发生的对象，即通过调用它来判断是按下了"发送"按钮，还是"清空"按钮。EventObject 的重要方法如表 11-4 所示。

表 11-3 ActionListener 接口预定义的方法

返回类型	方法	描述
void	actionPerformed(ActionEvent e)	按下键时调用

表 11-4 EventObject 的重要方法

返回类型	方法	描述
Object	getSource()	事件最初发生的对象

在 actionPerformed()方法中添加代码：首先判断按下了哪个按钮，如果是"发送"按钮，则会先获取信息录入文本框中输入的内容并发送给服务器端，再清空信息录入文本框中输入的内容（这部分代码被封装到 send()方法中）；如果是"清空"按钮，则只是清空消息录入文本框的内容。send()方法暂时用一个弹窗代码来代替，等界面调试没问题了，再完善。

```
...
class ClientUI implements ActionListener, KeyListener {
    ...

    public void actionPerformed(ActionEvent e) {
        if(e.getSource()==sendButton) {// "发送" 按钮
            send();
        }
        if(e.getSource()==clearButton){// "清空" 按钮
            inputTextField.setText("");
        }
    }



    public void keyTyped(KeyEvent e) {

    }


    public void keyPressed(KeyEvent e) {
```

```
    }

    public void keyReleased(KeyEvent e) {
        int code=e.getKeyCode();
        //Enter 键
        if(code==KeyEvent.VK_ENTER){
            send();
        }
    }
    private void send(){
        JOptionPane.showMessageDialog(null,"发送消息");
    }
}
```

随堂测试

下列关于事件监听者接口的描述，正确的是（　　　）。（多选）

A. KeyListener 接口预定义了所有按键事件所触发的方法

B. ActionListener 接口预定义了单击事件发生时触发的 actionPerformed()方法

C. 要想处理按 Enter 键事件的类，就必须实现 KeyListener 接口

D. 要想处理单击事件的类，就必须实现 ActionListener 接口

参考答案：ABCD

11.2.4　定义添加事件监听者的 addListener()方法并在构造方法中调用

不能直接调用前面重写的方法来处理用户的交互，这是因为无法提前预知用户何时会与系统交互，即无法知道用户何时会单击"发送"或"清空"按钮，也无法知道用户何时会在消息录入文本框中输入内容并按 Enter 键。同鸿蒙一样，系统与用户在图形用户界面中的交互也需要通过事件处理机制，只要将事件监听者对象添加为对应的事件监听者（这里是"发送"按钮和"清空"按钮的单击事件，以及在消息录入文本框中输入消息后按 Enter 键的事件），在用户单击"发送"按钮和"清空"按钮，或者在消息录入文本框中输入聊天信息后按 Enter 键时，就会触发相关方法（所以这些方法也被称为回调方法）。

同单元 5 一样，需要在 ClientUI 类中添加如下代码以添加监听者。

```
    private void addListener() {
        sendButton.addActionListener(this);
        clearButton.addActionListener(this);
        inputTextField.addKeyListener(this);
    }
```

　　添加事件监听者后，当发生事件时会自动调用事件监听者对应的方法，即在消息录入文本框中输入聊天信息后按 Enter 键会触发 ClientUI 类的 keyPressed(KeyEvent e)方法、keyReleased(KeyEvent e)方法和 keyTyped(KeyEvent e)方法，单击"发送"按钮或"清空"按钮会触发 actionPerformed()方法。

　　最终 ClientUI 类的代码如下。

```java
import javax.swing.*;
import java.awt.*;
import java.awt.event.ActionEvent;
import java.awt.event.ActionListener;
import java.awt.event.KeyEvent;
import java.awt.event.KeyListener;

class ClientUI implements ActionListener, KeyListener {
    private JFrame frame;
    private JTextArea messageTextArea;
    private JTextField inputTextField;
    private JButton sendButton,clearButton;

    public static void main(String[] args) {
        new ClientUI("aaa");
    }
    public ClientUI(String title){
        initiateUI(title);
        addListener();
    }

    private void addListener() {
        sendButton.addActionListener(this);
        clearButton.addActionListener(this);
        inputTextField.addKeyListener(this);
    }

    private void initiateUI(String title) {
        //搭建界面
        frame=new JFrame(title);

        Container container=frame.getContentPane();
        container.setLayout(new BorderLayout());

        messageTextArea=new JTextArea();
```

```
        container.add(messageTextArea);

        JPanel panel=new JPanel();
        panel.setLayout(new FlowLayout());
        inputTextField=new JTextField(40);
        panel.add(inputTextField);
        sendButton=new JButton("发送");
        panel.add(sendButton);
        clearButton=new JButton("清空");
        panel.add(clearButton);
        container.add(panel,BorderLayout.SOUTH);

        //设置窗体属性,使窗口按一定大小居中显示,并且单击"关闭"按钮,即可退出程序
        frame.setDefaultCloseOperation(JFrame.EXIT_ON_CLOSE);
        frame.setVisible(true);
        frame.setSize(600,400);
        frame.setLocationRelativeTo(null);
    }

public void actionPerformed(ActionEvent e) {
    if(e.getSource()==sendButton) {// "发送" 按钮
        send();
    }
    if(e.getSource()==clearButton){// "清空" 按钮
        inputTextField.setText("");
    }
}



public void keyTyped(KeyEvent e) {

}


public void keyPressed(KeyEvent e) {

}


public void keyReleased(KeyEvent e) {
    int code=e.getKeyCode();
    //Enter 键
    if(code==KeyEvent.VK_ENTER){
```

```
        send();
    }
}
private void send(){
    JOptionPane.showMessageDialog(null,"发送消息");
}
}
```

随堂测试

关于事件监听者接口的方法，下列描述正确的是（　　）。（多选）

A. 直接调用就能处理与用户的交互

B. 将实现该接口的类的对象添加为对应事件的监听者，在对应事件发生时会自动触发相关方法的调用

C. 一个事件监听者的类可以实现多个事件监听者接口

D. 实现了事件监听者接口的类可以作为事件监听者

参考答案：BCD

11.2.5　界面部分单独测试

启动 ClientUI 客户端进行测试，将打开"aaa"界面，在消息录入文本框中输入聊天信息后按 Enter 键，或者输入聊天信息后单击"发送"按钮都会显示弹窗，如图 11-3 所示。

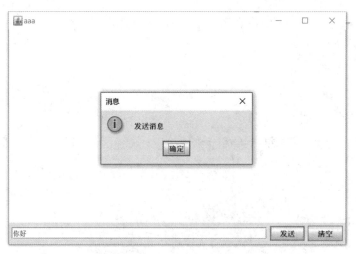

图 11-3　界面部分单独测试

单击"清空"按钮，将清空消息录入文本框中的信息，这说明事件监听器已经起作用了。

动手练习

完成 ClientUI 类的代码，启动 ClientUI 客户端进行测试。

11.3　完成一个具有图形界面的客户端类

11.3.1　删除 ChatClient 类中发送消息的线程代码

删除 ChatClient 类中发送消息的线程代码，即删除如下代码。

```
//在客户端添加处理发送消息的线程并启动
        new Thread(){
            ...
        }.start();
```

11.3.2　将 ClientUI 类定义成 ChatClient 类的内部类

将一个类定义在另一个类的里面，里面的那个类被称为内部类。内部类的访问特点是：内部类可以直接访问外部类中的成员，包括私有成员；而外部类要访问内部类中的成员必须建立内部类的对象。

为了 ClientUI 类在处理单击"发送"按钮时能够使用 ChatClient 类的成员完成发送消息，可以将 ClientUI 类定义成 ChatClient 类的内部类。

ChatClient 类中 showMessage()方法的实现需要获得界面类的聊天信息文本区对象。为了满足这个要求，我们在 ChatClient 类中添加一个 ChatClient 类型的数据成员 clientUI。

我们会在 ChatClient 类中定义一个 send()方法，因此 ClientUI 类的 send()方法和 main()方法没有用了，可以将其删除。

```
//添加 ChatClient 类型的数据成员
private ClientUI clientUI;
...
//将 ClientUI 类定义成 ChatClient 类的内部类,并删除该类的 send()方法和 main()方法
class ClientUI implements ActionListener,KeyListener{
    ...
}
```

随堂测试

内部类可以直接访问外部类中的成员，包括私有成员。（　　　）

A．正确

B．错误

参考答案：A

11.3.3 改为从图形用户界面中输入姓名

之前是从控制台中输入姓名，现在改为从图形用户界面中输入姓名。为了从图形用户界面中输入姓名，这里做一些简单处理，可以改为从弹窗中输入姓名，如图 11-4 所示。

图 11-4　从弹窗中输入姓名

在之前 ChatClient 类的 sendNameAndRecvEcho()方法中将提示输入姓名的代码从控制台中注释掉，添加从弹窗中输入姓名的代码，最终代码如下。

```
private void sendNameAndRecvEcho() throws IOException, ClassNotFoundException {
    //判断是否为空，重连接时不为空
    if(name==null) {
      /*System.out.println("请输入您的姓名：");
      Scanner sc = new Scanner(System.in);
       name = sc.nextLine();
      */
      name=JOptionPane.showInputDialog(null,"请输入您的姓名：","登录",
JOptionPane.PLAIN_MESSAGE);
    }
    ...
```

动手练习

在之前 ChatClient 类的 sendNameAndRecvEcho()方法中将提示输入姓名的代码从控制台中注释掉，添加从弹窗中输入姓名的代码，并启动 ClientUI 客户端进行测试。

11.3.4 在 ChatClient 类中定义 showMessage()方法

之前聊天信息都是通过调用 System.out.println()方法直接在控制台显示，现在改用图形用户界面，可以在聊天信息文本区中显示。所以，我们需要在 ChatClient 类中定义输出到聊天信息文本区的 showMessage(String s)方法。该方法不仅需要一个 char 类型的 s 参数，表示从服务器端接收的消息；还需要实现刷新聊天信息文本区的效果，即将 s 参数表示的内容显示在聊天信息文本区的后面。为了实现这个效果，需要先获取原来聊天信息文本区的内容，并在后面加一个换行符，再连接 s 参数表示的内容。

ChatClient 类中有一个界面的 ClientUI 类的数据成员 clientUI，前面定义 ClientUI 类为 ChatClient 类的内部类，所以聊天信息文本区对象可以用"内部类对象.数据成员名"，即

clientUI.messageTextArea 获得，具体代码如下。

```
private ClientUI clientUI;
...
public  void showMessage(String s) {
        if(clientUI==null){
            clientUI=new ClientUI("-多人聊天室-"+(name==null?"":name));
        }
        JTextArea msgTextArea=clientUI.messageTextArea;
        StringBuffer text=new StringBuffer(msgTextArea.getText());
        msgTextArea.setText(text.append("\n").append(s).toString());
    }
```

需要注意的是，showMessage()方法要用到 clientUI 对象，所以在调用前要做判断，如果为空，则实例化一个。

随堂测试

外部类要访问内部类中的成员必须建立内部类的对象。(　　　)

A．正确　　　　　　　　　　　　　　　　B．错误

参考答案：A

11.3.5　在 ChatClient 类中定义 send()方法

在 ChatClient 类中定义 send()方法，可以在单击"发送"按钮，或者在消息录入文本框中按 Enter 键时调用。

将 send()方法定义在 ChatClient 类中是因为发送本来就是业务功能，放在业务类 ChatClient 中更合理。除此之外，还有以下原因。

（1）ClientUI 类作为 ChatClient 类的内部类可以直接调用 send()方法。

（2）作为外部类 ChatClient 的方法，send()方法可以用"内部类对象.数据成员名"访问内部类的成员，如 clientUI.inputTextField 可以访问消息录入文本框对象，从而获得消息录入文本框中输入的内容并在发送后清空消息录入文本框的内容。

（3）send()方法不仅可以直接调用本类的 oos 数据成员来发送消息，还可以调用本类的 reconnect()方法在服务器端宕机时重连。

当然也可以将 send()方法定义在界面的 ClientUI 类中，读者可以自己试一下。只是发送作为业务功能，放在界面类中就不是很理想。

```
//在 ChatClient 类中定义 send()方法
private void send() {
    //获得消息录入文本框中输入的内容并将消息录入文本框清空
    JTextField sendTextField=clientUI.inputTextField;
    String msg=sendTextField.getText();
    sendTextField.setText("");
```

```
        //获得客户端的 oos 对象，将消息录入文本框中输入的内容发送给服务器端
        try {
            oos.writeObject(msg);
            oos.flush();
        } catch (IOException ioException) {
            //与服务器端的通信异常
            reconnect();
        }
    }
```

【随堂测试】

外部类是不能直接使用内部类的成员和方法的，可先创建内部类的对象，然后通过内部类的对象来访问其成员变量和方法。(   )

A. 正确   B. 错误

参考答案：A

【动手练习】

读者可以试一下将 send()方法定义在界面类 ClientUI 中，只是发送作为业务功能，放在界面类中就不是很理想。

11.3.6 用 showMessage()方法替换 System.out.println()方法

以前要输出到控制台,现在要输出到聊天文本区,将 ChatClient 类中 System.out.println()方法，全部用 showMessage()方法替换，最终代码如下。

```
import javax.swing.*;
import java.awt.*;
import java.awt.event.ActionEvent;
import java.awt.event.ActionListener;
import java.awt.event.KeyEvent;
import java.awt.event.KeyListener;
import java.io.*;
import java.net.Socket;

public class ChatClient {
    private  Socket socket;
    private ObjectOutputStream oos;
    private ObjectInputStream ois;
    private  String name;
    private ClientUI clientUI;
```

```
public static void main(String[] args) {
    new ChatClient();
}


public ChatClient(){
    try {
        //通过调用 connect()方法来连接服务器
        connect();
        sendNameAndRecvEcho();

        //在客户端添加处理接收消息的线程并启动
        new Thread(){
            @Override
            public void run() {
                while(socket!=null){
                    try {
                        String msg= (String) ois.readObject();
                         // System.out.println(msg);
                        showMessage(msg);

                    } catch (IOException e) {
                        socket=null;
                        reconnect();
                    } catch (ClassNotFoundException e) {
                        e.printStackTrace();
                    }
                }
            }
        }.start();

    } catch (IOException e) {
        //这里处理“sendNameAndRecvEcho();”语句抛出的异常
        socket=null;
        reconnect();
    } catch (ClassNotFoundException e) {
        //处理 readObject()方法的异常
        e.printStackTrace();
    }
}

private     void     sendNameAndRecvEcho()     throws     IOException,
ClassNotFoundException {
    //判断是否为空，重连接时不为空
```

```
        if (name==null) {
            name=JOptionPane.showInputDialog(null,"请输入您的姓名:","登录",
JOptionPane.PLAIN_MESSAGE);
        }

        //获得与服务器端通信的输出流对象，准备向服务器端发送姓名
        OutputStream os= socket.getOutputStream();
        //将最基础的 OutputStream 对象包装成对象流
        oos=new ObjectOutputStream(os);
        //通过调用对象流的 writeObject()方法来向服务器端发送姓名
        oos.writeObject(name);
        oos.flush();

        //获得与服务器端通信的输入流对象，准备接收服务器端的消息
        InputStream is= socket.getInputStream();
        //将最基础的 InputStream 对象包装成对象流
        ois=new ObjectInputStream(is);
        //通过调用对象流的 readObject()方法来获得服务器端发送的消息
        showMessage(String.valueOf(ois.readObject()));
    }

public void connect(){
    while(socket==null){
        //创建一个连接服务器 9900 端口请求的 Socket
        try {
            socket = new Socket("localhost", 9900);
        } catch (IOException e) {
            showMessage("尝试重新连接服务器......");
            socket=null;
        }
        try {
            Thread.sleep(3000);
        } catch (InterruptedException e) {
            e.printStackTrace();
        }
    }
}

public  void reconnect()  {
    connect();
    showMessage("连接服务器成功！");
    try {
        sendNameAndRecvEcho();
```

```
        } catch (IOException e) {
            socket=null;
            reconnect();
        } catch (ClassNotFoundException e) {
            e.printStackTrace();
        }
    }


public   void showMessage(String s) {
    if(clientUI==null){
        clientUI=new ClientUI("-多人聊天室-"+(name==null?"":name));
    }
    JTextArea msgTextArea=clientUI.messageTextArea;
    StringBuffer text=new StringBuffer(msgTextArea.getText());
    msgTextArea.setText(text.append("\n").append(s).toString());
}



private void send() {
    //获得消息录入文本框的输入信息并将输入框清空
    JTextField sendTextField=clientUI.inputTextField;
    String msg=sendTextField.getText();
    sendTextField.setText("");

    //获得客户端的 oos 对象，将消息录入文本框中输入的内容发送给服务器端
    try {
        oos.writeObject(msg);
        oos.flush();
    } catch (IOException ioException) {
        //与服务器端的通信异常
        reconnect();
    }
}

//ClientUI 为内部类
class ClientUI implements ActionListener,KeyListener{
    private JFrame frame;
    private JTextArea messageTextArea;
    private JTextField inputTextField;
    private JButton sendButton,clearButton;

    public ClientUI(String title){
        initiateUI(title);
```

```
        addListener();
    }

    private void addListener() {
        sendButton.addActionListener(this);
        clearButton.addActionListener(this);
        inputTextField.addKeyListener(this);
    }


    private void initiateUI(String title) {
        //搭建界面
        frame=new JFrame(title);

        Container container=frame.getContentPane();
        container.setLayout(new BorderLayout());

        messageTextArea=new JTextArea();
        container.add(messageTextArea);

        JPanel panel=new JPanel();
        panel.setLayout(new FlowLayout());
        inputTextField=new JTextField(40);
        panel.add(inputTextField);
        sendButton=new JButton("发送");
        panel.add(sendButton);
        clearButton=new JButton("清空");
        panel.add(clearButton);
        container.add(panel,BorderLayout.SOUTH);

        //设置窗体属性，使窗口按一定大小居中显示，并且单击"关闭"按钮，即可退出程序
        frame.setDefaultCloseOperation(JFrame.EXIT_ON_CLOSE);
        frame.setVisible(true);
        frame.setSize(600,400);
        frame.setLocationRelativeTo(null);
    }

    public void actionPerformed(ActionEvent e) {
        if(e.getSource()==sendButton) {// "发送" 按钮
            send();
        }
        if(e.getSource()==clearButton){// "清空" 按钮
            inputTextField.setText("");
        }
```

```
        }

        public void keyTyped(KeyEvent e) {

        }

        public void keyPressed(KeyEvent e) {

        }

        public void keyReleased(KeyEvent e) {
            int code=e.getKeyCode();
            //Enter 键
            if(code==KeyEvent.VK_ENTER){
                send();
            }
        }
    }
}
```

随堂测试

关于 JOptionPane 类的 showMessageDialog()方法，下列描述正确的是（　　　）。（多选）

A. 生成一个弹窗

B. 有多个重载的方法

C. 最简单的是第一个参数为 null，第二个参数为 String

D. 是一个静态方法

参考答案：ABCD

11.4　联合测试并提交代码

11.4.1　联合测试

第一步：测试群聊和私聊。

首先启动服务器程序和 3 个客户端；然后 aaa、bbb、ccc 分别登录（分别输入姓名"aaa""bbb""ccc"），并各自发送一条聊天信息；最后 ccc 对 bbb 私聊，bbb 又对 ccc 私聊。图 11-5、图 11-6、图 11-7 和图 11-8 所示分别为服务器端、aaa 客户端、bbb 客户端和 ccc 客户端的控制台输出。

图 11-5 服务器端的控制台输出

图 11-6 aaa 客户端的控制台输出

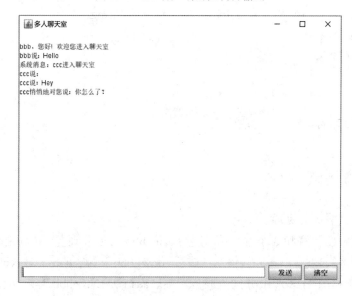

图 11-7 bbb 客户端的控制台输出

图 11-8　ccc 客户端的控制台输出

第二步：测试服务器端未启动、在聊天过程中掉线、客户端退出等情况下的控制台输出。

在服务器不启动的情况下，aaa 登录，发送一条消息，过段时间 bbb 登录，aaa 和 bbb 各发送一条消息，后来 aaa 退出。图 11-9 所示为服务器开始不启动后来启动的控制台输出。图 11-10 所示为服务器中途宕机和客户端退出的服务器端的控制台输出。图 11-11 所示为测试服务器不启动、中途宕机和客户端退出的 aaa 客户端界面。图 11-12 所示为测试服务器不启动、中途宕机和客户端退出的 bbb 客户端界面。

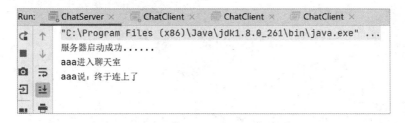

图 11-9　服务器开始不启动后来启动的控制台输出

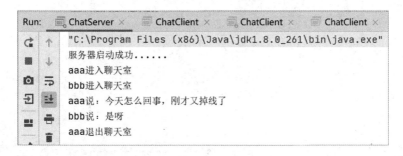

图 11-10　服务器中途宕机和客户端退出的服务器端的控制台输出

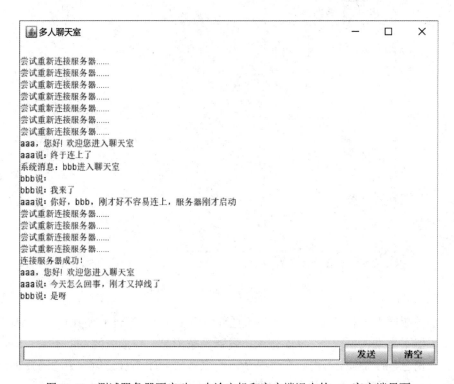

图 11-11　测试服务器不启动、中途宕机和客户端退出的 aaa 客户端界面

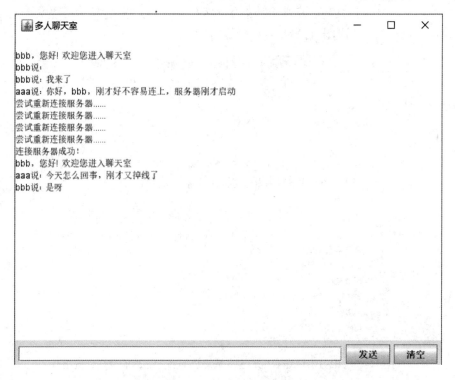

图 11-12　测试服务器不启动、中途宕机和客户端退出的 bbb 客户端界面

动手练习

完成一个具有图形用户界面的客户端，并按照 11.4.1 节进行联合测试。

11.4.2 提交到码云

第一步：选择提交文件。

右击项目，在弹出的快捷菜单中选择"Git"→"Commit Directory"选项，在弹出的对话框中只选择需要提交的 ChatClient.java 文件代码，不需要对 class 文件进行管理，填写说明，单击"Commit"按钮，即可提交代码，如图 11-13 所示。

图 11-13　选择需要提交的文件并填写说明

第二步：提交到码云。

右击项目，在弹出的快捷菜单中选择"Git"→"Repository"→"Push"选项，在弹出的"Push Commits to chatroom"对话框中单击"Push"按钮，即可将代码提交到码云，如图 11-14 所示。登录码云可以看到代码已经同步到码云，如图 11-15 所示。

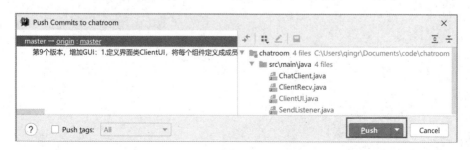

图 11-14　单击"Push"按钮

227

图 11-15　第 9 个版本已经同步到码云

动手练习

提交通过测试的代码到码云。

第四部分

实用场景应用开发

单元 *12* 实现发送邮件和发送短信

学习目标

- 掌握使用 JavaMail 发送邮件。
- 掌握使用阿里云短信平台发送短信。
- 掌握常量类的定义和使用方法。
- 掌握静态成员变量、静态语句块的使用方法。
- 掌握系统常见的身份验证机制并实现发送短信。

12.1　任务描述

软件系统在验证身份时常用的做法就是将验证码发送到邮件或短信中。本单元主要介绍如何通过编写代码来实现发送邮件和短信的功能。通过本单元的学习，读者将体验通过调用平台和第三方函数来实现发送邮件和短信的功能。

12.2　任务 1：实现发送邮件

12.2.1　JavaMail 介绍

JavaMail 是 Java 厂商（Sun）提供给开发者处理电子邮件相关的编程接口，支持常用的邮件协议，如 SMTP、POP3、IMAP。简单来说，SMTP 是邮件发送协议，POP3 和 IMAP 是邮件接收协议。JavaMail 可以发送各种复杂 MIME 格式的邮件内容，开发人员使用 JavaMail 可以方便地开发出类似于 Microsoft Outlook 的应用程序，不用关注底层的细节。需要注意的是，JavaMail 仅支持 JDK4 及以上版本，但它并没有包含在 JDK 中，而是作为 Java EE 的一部分。

随堂测试

下列关于 JavaMail 的描述，正确的是（　　）。（多选）

A. JavaMail 是 Java 厂商（Sun）提供给开发者处理电子邮件相关的编程接口

B. JavaMail 支持常用的邮件协议，如 SMTP、POP3、IMAP

C. 使用 JavaMail 可以方便地开发出类似于 Microsoft Outlook 的邮件收发客户端程序

D. JavaMail 并没有直接包含在 JDK 中

参考答案：ABCD

12.2.2 使用 JavaMail 发送邮件

第一步：创建 Maven 项目 sendmailandsms，不用骨架。

第二步：获取发送邮箱账户邮件服务器的网址和端口号，发送邮箱账户及授权码，接收邮箱账户。

SMTP（Simple Mail Transfer Protocol，简单邮件传输协议）是一种提供可靠且有效的电子邮件传输的协议。任何程序发送邮件都必须遵守 SMTP 协议。在通过 Java 程序发送邮件时，不需要关心 SMTP 协议的底层原理，只需使用 JavaMail 这个标准 API 就可以直接发送邮件。发送邮件前必须明确以下事项。

（1）发送方的邮箱账户必须是某邮件服务网站注册成功的邮箱账户。

（2）接收方的邮箱账户也必须是某邮件服务网站注册成功的邮箱账户。

（3）要确认发送方邮件账户所在的邮件服务器的地址和端口号。常用的邮件服务商的 SMTP 信息如表 12-1 所示。

表 12-1　常用的邮件服务商的 SMTP 信息

邮箱	SMTP 服务器	端口
QQ	smtp.qq.com	465/587
163	smtp.163.com	465
Gmail	smtp.gmail.com	465/587

（4）发送方邮箱账户的授权码。出于安全考虑，如果不是登录邮件服务网站发送邮件，就不能使用密码明码，需要获取授权码。如果是 QQ 邮箱，则登录电脑版 QQ 邮箱，单击最上方的"设置"文字链接，进入"邮箱设置"界面，在栏目中选择"账户"选项，在"账户"界面往下滑，可以看到 POP3 设置，单击"开启服务"文字链接，按照弹出的提示操作进行密保验证。选择使用短信验证，按照短信验证的提示发送短信，发送成功后直接单击"我已发送"文字链接，在弹出的提示中直接显示 16 位的授权码，进行复制，并单击"确定"按钮，在"收取选项"选区中勾选全部的复选框，在最下方单击"保存更改"按钮，最后到需要授权码的地方输入获取的 16 位授权码即可。

第三步：编写代码，连接到 SMTP 服务器。

创建 SendMailDemo 类，添加 main()方法，并在 main()方法中编写代码。想要连接到 SMTP 服务器，最关键的是得到一个 Session 对象。该对象通过调用 Session.getInstance()方法得到。调用这个方法需要传递两个参数，其中第一个参数是一个 Properties 对象，用于保存 SMTP 主机名、主机端口号、是否需要用户认证、是否启用 TLS 加密的设置；第二个参数是一个实现 Authenticator 接口的对象。由于 Authenticator 接口包含 getPasswordAuthentication()方法，并且该方法需要返回一个 PasswordAuthentication 对象，因此用户可以通过传入发送邮箱账户和授权码为参数生成一个 PasswordAuthentication 对象。

下面是通过 JavaMail 连接到 SMTP 服务器的代码。

```
...
public class SendMailDemo{
    public static void main(String[] args) {
        //邮件服务器地址
        String smtp = "smtp.qq.com";
        //登录用户名（邮箱账户）
        final String username = "175284961@qq.com";
        //邮箱密码
        final String password = "16位授权码";
        //连接到 SMTP 服务器 587 端口
        String port="587";
        Properties props = new Properties();
        props.put("mail.smtp.host", smtp); //SMTP 主机名
        props.put("mail.smtp.port", port); //主机端口号
        props.put("mail.smtp.auth", "true"); //是否需要用户认证
        props.put("mail.smtp.starttls.enable", "true"); //启用 TLS 加密
        //获取 Session 实例
        Session session = Session.getInstance(props, new Authenticator() {
            protected PasswordAuthentication getPasswordAuthentication() {
                return new PasswordAuthentication(username, password);
            }
        });
        //设置 Debug 模式便于调试
        session.setDebug(true);
...
```

第四步：编写代码，发送邮件。

在发送邮件时，我们需要用前面生成的 session 对象构造一个 MimeMessage 对象，并通过调用 Transport.send(Message)方法来完成发送，具体代码如下。

```
    //在发送邮件时，我们需要构造一个 MimeMessage 对象
    //并通过调用 Transport.send(Message)方法来完成发送
    MimeMessage message =new MimeMessage(session);
    //设置发送方邮件账户
    message.setFrom(new InternetAddress(username));
```

```
        //设置接收方邮箱
        message.setRecipient(MimeMessage.RecipientType.TO,new
InternetAddress ("szqingr@163.com"));
        //设置邮件主题，第二个参数可以有效预防中文乱码
        message.setSubject("测试邮件","UTF-8");
        //设置邮件正文
        message.setText("你好，这是第一封测试邮件！谢谢","UTF-8");
        Transport.send(message);
```

运行上述代码，输出结果如图 12-1 所示。打开接收邮箱，发现已经收到程序发送的邮件，如图 12-2 所示。

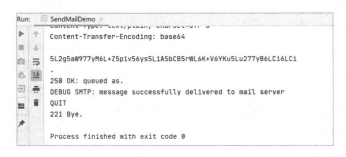

图 12-1　邮件发送成功　　　　　　图 12-2　接收邮箱收到一封文本邮件

发送 HTML 邮件和文本邮件是类似的，只需修改代码即可。

修改前的代码如下。

```
message.setText(msg, "UTF-8");
```

修改后的代码如下。

```
message.setText(msg, "UTF-8", "html");
```

如果传入的 msg 是"<A href='http://www.baidu.com'>单击打开百度"这样的内容，则收到的邮件为一个超链接。运行上述代码，接收邮箱会收到程序发送的 HTML 邮件，如图 12-3 所示。

图 12-3　接收邮箱收到一封 HTML 邮件

随堂测试

1. 关于 JavaMail 支持的协议，下列描述正确的是（　　　）。（多选）

A. JavaMail 支持常用的邮件协议，如 SMTP、POP3、IMAP

B. SMTP 是邮件发送协议

C. POP3 是邮件接收协议

D. IMAP 是邮件接收协议

2. 发送邮件前必须明确哪些事项？（　　　）（多选）

A. 发送方的邮箱账户必须是某邮件服务网站注册成功的邮箱账户

B. 接收方的邮箱账户也必须是某邮件服务网站注册成功的邮箱账户

C. 发送方邮件账户所在的邮件服务器的地址和端口号

D. 接收方邮件账户所在的邮件服务器的地址和端口号

E. 发送方邮箱账户的授权码

F. 接收方邮箱账户的授权码

3. 想要连接到 SMTP 服务器，最关键的是得到一个 Session 对象，下列描述正确的是（　　　）。（多选）

A. 该对象可以通过调用 Session.getInstance()方法得到。调用该方法需要传递两个参数，其中第一个参数是一个 Properties 对象，用于保存 SMTP 主机名、主机端口号、是否需要用户认证、是否启用 TLS 加密的设置；第二个参数是一个实现 Authenticator 接口的对象

B. 该对象有 setDebug(boolean ifDebug)方法可以设置是否调用

C. 首先以这个对象为参数可以生成一个 MimeMessage 对象，然后通过这个 MimeMessage 对象设置发送方邮件账户、接收方邮件账户、邮件主题、邮件正文等，最后以这个 MimeMessage 对象为参数通过调用 Transport.send()方法来完成发送

D. 通过调用构造方法得到这个 Session 对象

4. 关于 Authenticator 接口的 getPasswordAuthentication()方法，下列描述正确的是（　　　）。（多选）

A. 该方法的返回类型是 PasswordAuthentication

B. 覆盖该方法返回一个 PasswordAuthentication 对象

C. 可以通过生成一个 PasswordAuthentication 对象并返回来覆盖这个方法

D. 该方法没有参数

5. PasswordAuthentication 类有带有两个参数的构造方法，其中第一个参数是发送邮箱账户，第二个参数是授权码（　　　）。

A. 正确　　　　　　　　　　　　　B. 错误

参考答案：1. ABCD　2. ABCE　3. ABC　4. ABCD　5. A

12.2.3　将发送邮件的代码封装到工具类 MailUtil 中

前面的代码比较烦琐，可以把它们封装到一个方法（如 sendMail(String target,String subject,String content)）中，也可以把这个方法封装到一个工具类（如 MailUtil）中，并且将

方法定义成静态的，其他类只要使用 MailUtil.sendMail()，就会传递接收邮件账号、主题，以及参数 target、subject 和 content，从而实现邮件的发送。

12.2.2 节中的代码实现了发送一封普通文本的邮件，其实也可以发送 HTML 邮件，代码类似，只是设置正文的方法不同。MimeMessage 重载的 3 个 setText()方法，可以有参数指定的字符集和媒体类型，其方法声明及功能描述如表 12-2 所示。我们也可以在 MailUtil 类中定义发送 HTML 邮件的方法。

表 12-2　MimeMessage 重载的 3 个 setText()方法

方法声明	功能描述
void setText(String text)	发送普通文本邮件
void setText(String text, String charset)	按 charset 指定的字符集发送普通文本邮件
void setText(String text, String charset, String subtype)	按 charset 指定的字符集发送 subtype 指定的媒体类型的邮件，如果为 html，则为 HTML 格式邮件

第一步：定义一个保存常量的 MailConstants 类。

考虑到创建 Session 所需要登录邮件服务器的用户名、授权码、SMPT 服务器地址和端口号是固定的，因此可以将其封装到一个类中。

定义一个保存常量的 MailConstants 类，将登录邮件服务器的用户名、授权码、SMPT 服务器地址和端口号保存起来，便于维护。

```java
package util;

public class MailConstants {
    public static  String USERNAME ="175284961@qq.com";
    public static  String PASSWORD="16 位授权码";
    public static  String SMTP_SERVER_ADDRESS= "smtp.qq.com";
    public static  String SMTP_SERVER_PORT ="587";
}
```

第二步：定义工具类 MailUtil。

由于设置的发送内容、发送目标和发送主题前的代码都是固定的，因此可以在 MailUtil 中定义一个 static 的 MimeMessage 成员变量 message，并且在静态语句块中，进行初始化的设置。完成后，定义发送邮件的 sendMail()方法和发送 HTML 邮件的 sendHTMLMail()方法。最终代码如下。

```java
package util;

import javax.mail.*;
import javax.mail.internet.InternetAddress;
import javax.mail.internet.MimeMessage;
import java.util.Properties;

public class MailUtil {
```

```
    //定义静态成员变量 message
    private static MimeMessage message;

    //使用静态语句块做初始化设置，只需执行一次
    static {
        Properties props = new Properties();
        props.put("mail.smtp.host", MailConstants.SMTP_SERVER_ADDRESS);
        props.put("mail.smtp.port", MailConstants.SMTP_SERVER_PORT);
        props.put("mail.smtp.auth", "true");
        props.put("mail.smtp.starttls.enable", "true");

        Session session = Session.getInstance(props, new Authenticator() {
            protected PasswordAuthentication getPasswordAuthentication() {
                return  new  PasswordAuthentication(MailConstants.USERNAME,
MailConstants.PASSWORD);
            }
        });
        //设置 Debug 模式便于调试
        session.setDebug(true);
        //构造一个 message 对象
        message =new MimeMessage(session);
        //设置发送方邮件账户
        try {
            message.setFrom(new InternetAddress(MailConstants.USERNAME));
        } catch (MessagingException e) {
            e.printStackTrace();
        }
    }


    //定义发送文本邮件的 sendMail()方法
    public static   void sendMail(String target,String subject,String
content) throws MessagingException {
        message.setSubject(subject);
        message.setRecipient(MimeMessage.RecipientType.TO,new
InternetAddress(target));
        message.setText(content,"UTF-8");
        Transport.send(message);
    }
        //定义发送 HTML 邮件的 sendHTMLMail()方法
        public static   void sendHTMLMail(String target,String subject,String
content) throws MessagingException {
        message.setRecipient(MimeMessage.RecipientType.TO,new
InternetAddress(target));
```

```
        message.setSubject(subject,"UTF-8");
        message.setText(content,"UTF-8","html");
        Transport.send(message);
    }
}
```

修改 main()方法的代码进行测试，最终代码如下。

```
public class SendMailDemo {
    public static void main(String[] args) throws MessagingException {
        MailUtil.sendMail("szqingr@163.com","测试邮件工具类","测试邮件工具类");
        MailUtil.sendHTMLMail("szqingr@163.com","测试邮件工具类发送 HTML 文件",
            "<A href='http://www.baidu.com'>单击打开百度</A>");
    }
}
```

运行上述程序，接收邮箱会收到程序发送的两封邮件的内容，分别如图 12-4 和图 12-5 所示。

图 12-4 邮件工具类发送文本邮件成功 图 12-5 邮件工具类发送 HTML 邮件成功

随堂测试

1. 登录邮件服务器，需要（　　　　）。（多选）

   A. 用户名   B. 授权码

   C. SMPT 服务器地址   D. 端口号

2. 下列哪一个 MimeMessage 的方法可以正确地发送 HTML 格式的邮件？（　　　　）

   A. setText("<A href='http://www.baidu.com'>单击打开百度</A>")

   B. setText("<A href='http://www.baidu.com'>单击打开百度</A>", "html")

   C. setText("<A href='http://www.baidu.com'>单击打开百度</A>","UTF-8","html")

   D. setText("<A href='http://www.baidu.com'>单击打开百度</A>","html","UTF-8")

参考答案：1. ABCE 2. C

12.3 任务 2：实现发送短信

12.3.1 阿里短信服务平台 API 介绍

阿里的短信服务平台为用户提供短信发送服务，支持向国内和国际快速发送验证码、短信通知和推广短信。

使用阿里短信服务的流程如下。

（1）入驻阿里云。包括注册阿里云账号、进行实名认证，如果是企业用户，则需要绑定企业支付宝。

（2）开通短信服务。

（3）创建 AccessKey 并获取 AccessKey Secret。

（4）创建签名和模板。

（5）配置短信接口。

（6）使用阿里发送短信服务编写代码发送短信。

使用阿里短信服务编写发送短信代码需要用到短信签名和短信模板，并确保签名和模板已审核通过，具体流程参见 https://help.aliyun.com/document_detail/59210.html。或者在浏览器中搜索"阿里云短信服务"，单击"短信服务-阿里云"文字链接，如图 12-6 所示。进入短信服务-阿里云帮助中心，单击"新手指引"文字链接，如图 12-7 所示，下拉找到流程。

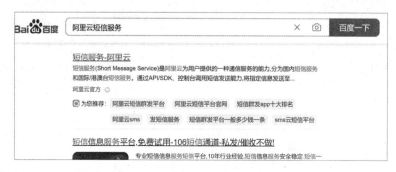

图 12-6　搜索"阿里云短信服务"

动手练习

1. 完成阿里云账号的注册和实名认证。
2. 开通短信服务。
3. 创建 AccessKey 并获取 AccessKey Secret。
4. 创建签名和模板。
5. 配置短信接口。

图 12-7　单击"新手指引"文字链接

12.3.2　使用阿里短信服务编写代码实现发送短信

第一步：创建 Maven 项目 sendmailandsms，不用骨架。

12.2.2 节已经创建，这个步骤可以省略。

第二步：获得依赖坐标。

进入阿里云 OpenAPI 开发者门户界面，单击右上角的"SDK 依赖信息"文字链接，获取依赖坐标并复制到项目的 pom.xml 文件中，如图 12-8 所示。

图 12-8　单击"SDK 依赖信息"文字链接

最终 pom.xml 文件的代码如下。

```xml
<?xml version="1.0" encoding="UTF-8"?>
<project xmlns="http://maven.apache.org/POM/4.0.0"
        xmlns:xsi="http://www.w3.org/2001/XMLSchema-instance"
        xsi:schemaLocation="http://maven.apache.org/POM/4.0.0
```

```
http://maven.apache.org/xsd/maven-4.0.0.xsd">
    <modelVersion>4.0.0</modelVersion>

    <groupId>org.example</groupId>
    <artifactId>sendmailandsms</artifactId>
    <version>1.0-SNAPSHOT</version>

<dependencies>
    <dependency>
        <groupId>com.aliyun</groupId>
        <artifactId>dysmsapi20170525</artifactId>
        <version>2.0.7</version>
    </dependency>
    <dependency>
        <groupId>com.sun.mail</groupId>
        <artifactId>javax.mail</artifactId>
        <version>1.6.2</version>
    </dependency>
    <dependency>
        <groupId>junit</groupId>
        <artifactId>junit</artifactId>
        <version>4.12</version>
        <scope>test</scope>
    </dependency>
    <dependency>
        <groupId>junit</groupId>
        <artifactId>junit</artifactId>
        <version>4.12</version>
        <scope>compile</scope>
    </dependency>
</dependencies>
</project>
```

第三步：创建一个常量类 SMSConstants，用于保存使用短信服务必需的信息。

使用阿里短信服务必须提供 AccessKey ID、AccessKey Secret、短信签名和短信模板码，我们可以把这些定义到常量类 SMSConstants 中。代码如下，注意将加粗部分替换成你自己的相关信息。

```
package util;
public class SMSConstants {
    public static String ACCESSKEY_ID="你的 AccessKey ID";
    public static String ACCESSKEY_SECRETE="你的 AccessKey Secret";
    public static String SIGN_NAME="你的短信签名";
```

```
    public static String TEMPLATE_CODE="你的短信模板码";
}
```

第四步：基于示例代码创建自己发送短信的类。

在 IDEA 中创建一个 SendSMSDemo 类，进入阿里云 OpenAPI 开发者门户界面，在按照图 12-9 填写你的手机号、你的短信签名、你的短信模板，以及短信模板变量对应的实际值后，将右侧的示例代码复制到 SendSMSDemo 类的代码中，注意将类名改回 SendSMSDemo，并且 SendSMSDemo、AccessKey ID、AccessKey Secret、短信签名和短信模板码用 SMSConstants 定义的常量取代，手机号改为你的手机号，短信模板变量也要与你的短信模板对应。

图 12-9　填写发送短信需要的信息并获取示例代码

最终，SendSMSDemo 类的代码如下。

```
import com.aliyun.dysmsapi20170525.models.*;
import com.aliyun.teaopenapi.models.*;
import util.SMSConstants;


public class SendSMSDemo {
    public static com.aliyun.dysmsapi20170525.Client createClient(String
accessKeyId, String accessKeySecret) throws Exception {
        Config config = new Config()
```

```
            //你的 AccessKey ID
            .setAccessKeyId(accessKeyId)
            //你的 AccessKey Secret
            .setAccessKeySecret(accessKeySecret);
    //访问的域名
    config.endpoint = "dysmsapi.aliyuncs.com";
    return new com.aliyun.dysmsapi20170525.Client(config);
}

public static void main(String[] args_) throws Exception {
    java.util.List<String> args = java.util.Arrays.asList(args_);
    com.aliyun.dysmsapi20170525.Client client = SendSMSDemo.createClient(
        SMSConstants.ACCESSKEY_ID,
        SMSConstants.ACCESSKEY_SECRETE);
    SendSmsRequest sendSmsRequest = new SendSmsRequest()
        .setPhoneNumbers("13800138000").setSignName(SMSConstants.SIGN_
NAME).setTemplateCode(SMSConstants.TEMPLATE_CODE)
        .setTemplateParam("{\"code\":\"1234\"}");
    //复制代码并运行，请自行打印 API 的返回值
    client.sendSms(sendSmsRequest);
    }
}
```

上面代码首先生成一个配置对象 Config，并为这个 Config 对象设置 AccessKey 和 AccessKey Secret；然后以这个 Config 对象为参数生成一个 Client 对象和一个发送短信请求的 SendSmsRequest 对象，并为这个 SendSmsRequest 对象设置接收短信的手机号和签名，以及短信模板；最后将这个 SendSmsRequest 对象作为参数，通过调用 client.sendSms()方法，完成短信的发送。

第五步：增加对请求结果的处理。

client.sendSms(sendSmsRequest)方法将返回一个 SendSmsResponse 对象。先通过 SendSmsResponse 对象的 getBody()方法得到一个 SendSmsResponseBody 对象，再通过 SendSmsResponseBody 对象的 getCode()方法得到状态码，如果状态码为"OK"，则代表请求成功。所以，我们可以增加代码对请求结果进行处理，并输出状态码，如果状态码为"OK"，则输出"发送成功！"，最终代码如下。

```
import com.aliyun.dysmsapi20170525.models.*;
import com.aliyun.teaopenapi.models.*;
import util.SMSConstants;

public class SendSMSDemo {
    public static com.aliyun.dysmsapi20170525.Client createClient(String
accessKeyId, String accessKeySecret) throws Exception {
```

```
        Config config = new Config()
                //你的 AccessKey ID
                .setAccessKeyId(accessKeyId)
                //你的 AccessKey Secret
                .setAccessKeySecret(accessKeySecret);
        //访问的域名
        config.endpoint = "dysmsapi.aliyuncs.com";
        return new com.aliyun.dysmsapi20170525.Client(config);
    }

    public static void main(String[] args_) throws Exception {
        java.util.List<String> args = java.util.Arrays.asList(args_);
        com.aliyun.dysmsapi20170525.Client            client            =
SendSMSDemo.createClient(
                SMSConstants.ACCESSKEY_ID,
                SMSConstants.ACCESSKEY_SECRETE);
        SendSmsRequest sendSmsRequest = new SendSmsRequest()
                .setPhoneNumbers("13800138000").setSignName(SMSConstants.SIGN_
NAME)
                .setTemplateCode(SMSConstants.TEMPLATE_CODE)
                .setTemplateParam("{\"code\":\"1234\"}");
        //复制代码并运行，请自行打印 API 的返回值
        SendSmsResponse response=client.sendSms(sendSmsRequest);
        String code=response.getBody().getCode();
        System.out.println(code);
        if(code!= null && code.equals("OK")) {
        //请求成功
            System.out.println("发送成功！");
        }
    }
}
```

运行结果如图 12-10 所示，假设手机号码有效，则这部手机将收到一条短信。

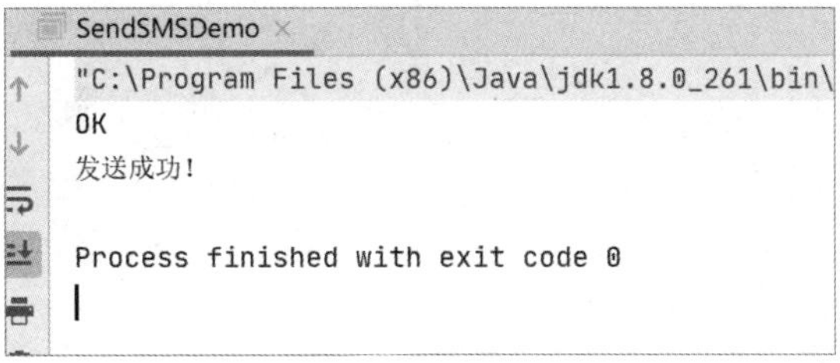

图 12-10　发送短信成功

随堂测试

1. 为了能够发送短信，必须包括（　　）。（多选）
   A. 生成一个配置对象 Config，并为这个 Config 对象设置 AccessKey 和 AccessKey Secret
   B. 以 Config 对象为参数生成一个 Client 对象
   C. 生成一个发送短信请求的 SendSmsRequest 对象，并为这个 SendSmsRequest 对象设置接收短信的手机号和签名，以及短信模板
   D. 将 SendSmsRequest 对象作为参数，通过调用 client.sendSms()方法，完成短信的发送

2. 对于发送短信结果的处理，包括（　　）。（多选）
   A. Client 对象的 sendSms()方法返回一个 SendSmsResponse 对象，表示返回发送短信的响应
   B. SendSmsResponse 对象的 getBody()方法可以得到一个 SendSmsResponseBody 对象
   C. SendSmsResponseBody 对象的 getCode()方法可以得到状态码
   D. 如果状态码为"OK"，则表示短信发送成功，否则不成功

参考答案：1. ABCD　2. ABCD

动手练习

1. 创建 Maven 项目 sendmailandsms。
2. 进入阿里云 OpenAPI 开发者门户界面，获得短信发送依赖的坐标并复制到项目的 pom.xml 文件中。
3. 创建一个常量类 SMSConstants，用于保存使用短信服务必需的信息。
4. 进入阿里云 OpenAPI 开发者门户界面，在填写你的手机号、你的短信签名、你的短信模板，以及短信模板变量对应的实际值后，将右侧的示例代码复制到 SendSMSDemo 类的代码中，注意将类名改回 SendSMSDemo。
5. 增加对请求结果的处理。

单元 *13* 实现车牌识别系统

- 学习使用开源的 Tess4J 实现车牌识别。
- 学习使用百度 AI 开放平台实现车牌识别。
- 学习使用 webcam-capture 网络摄像头捕获 API 实现拍照功能。
- 学习使用 SwingUtilities 类的 invokeLater()方法实现某段代码的最后调用。
- 学习使用 IDEA 的 GsonFormatPlus 插件生成 JSON 字符串对应的实体类。

13.1 任务描述

本单元编写一个非常简单的车牌识别系统，只需上传车牌照片，即可识别车牌。这个系统比真实的车牌识别系统要简单，属于识别图片文字系统，通常被称为 OCR（Optical Character Recognition，光学字符识别）。OCR 可以直接将包含文本的图像识别为计算机文字（计算机黑白点阵）。由于图像中的文本一般为印刷体文本，因此 OCR 可以自动从文档中抽取文本和数据，也可以自动识别图像中的文字。

我们分别用惠普公司的文字识别开发接口 Tesseract OCR 的 Java 开发包 Tess4J 和百度 AI 开放平台来完成这个系统。

随堂测试

下列关于 OCR 的描述，正确的是（　　　）。（多选）

A. Optical Character Recognition，光学字符识别

B. OCR 可以自动识别图像中的文字

C. OCR 是一种可以从文档中识别和抽取文字的技术

D. OCR 可以自动抽取文档中的数据

参考答案：ABCD

13.2　文字识别开发接口 Tesseract OCR 和百度 AI 开放平台

13.2.1　文字识别开发接口 Tesseract OCR 和 Java 开发包 Tess4J

Tesseract OCR 是一种开源的光学字符识别（OCR）引擎，由 Google 发布，用于从图片中识别文本。Tess4J 是一个用于在 Java 语言中进行 OCR 处理的库，可以在 Java 语言中调用 Tesseract OCR 引擎，以便对图像进行文本识别。

Tesseract 是 GitHub 上的 OCR 开源库，如果图片背景十分干净，则对比明显，Tesseract 就会识别得很好，但是现实中的图片可能没有这么好的条件，直接识别可能会出错，往往需要先进行图像处理，再将处理后的图片送入 Tesseract 文字识别。由于 Tesseract 是开源的，因此不需要 AccessKey 和密钥，也不需要认证，只需直接添加 Tess4J 依赖即可。

随堂测试

1. Tesseract OCR 是什么？
2. Tess4J 是什么？

参考答案：

1. Tesseract OCR 是一种开源的光学字符识别（OCR）引擎，由 Google 发布，用于从图片中识别文本。

2. Tess4J 是一个用于在 Java 语言中进行 OCR 处理的库，可以在 Java 语言中调用 Tesseract OCR 引擎，以便对图像进行文本识别。

13.2.2　百度 AI 开放平台 OCR 服务

百度 AI 开放平台是全球领先的人工智能服务平台。平台提供 120 多项细分的场景化能力和解决方案，包括语音识别、人脸识别、文字识别、细密度的图像识别、垂直的图像识别，以及视频的自然语言、知识图谱处理等一系列的能力。这些能力可以直接在产品和应用中使用，其集成速度最快仅需 5 分钟。百度文字识别（OCR）提供多场景、多语种、高精度的文字检测与识别服务。我们使用场景中交通场景的车牌识别服务，可以获得高精度的识别率。

13.3　准备测试图片

在百度上搜索找到 3 张车牌号的图片，或者扫描右侧的二维码下载图片。这里涉及的车牌号信息纯属虚构，如有雷同，纯属巧合。

（1）图 13-1 所示为"鲁 A88888"车牌号的图片，并将其命名为 chepai.jpeg，这个图片的右下角还是有一些瑕疵。

（2）图 13-2 所示为"沪 A88888"车牌号的图片，并将其命名为 chepai2.jpg，这个图片的图片背景十分干净，对比明显，非常清晰。

图 13-1　"鲁 A88888"车牌号的图片　　　　　图 13-2　"沪 A88888"车牌号的图片

（3）图 13-3 所示为"冀 T07M77"车牌号的图片，并将其命名为 chepai3.jpg，这个图片还算清晰，但是由于有反光，因此对比度要差一些。

图 13-3　"冀 T07M77"车牌号的图片

【动手练习】

扫描相关二维码，下载"鲁 A88888"车牌号、"沪 A88888"车牌号和"冀 T07M77"车牌号的图片。

13.4　使用 Tess4J 实现车牌识别

13.4.1　创建 Maven 项目 chepai 并添加相关依赖

打开 Maven 仓库官网，搜索 tess4j，选择第一个（Tess4J Tesseract For Java）选项，如图 13-4 所示。选择其 3.4.8 版本（根据经验，这个版本的识别率最高），并将其复制到项目的 pom.xml 文件中。需要注意的是，让依赖生效的方式有很多，比较方便和常用的是在 pom.xml 文件上右击，在弹出的快捷菜单中选择"Maven"→"Reimport"选项，或者单击 按钮；或者可以按组合键"Ctrl+Alt+Shift+U"进行 Maven 项目更新；也可以在命令提示符窗口中执行 mvn compile 命令，确保 pom.xml 文件的修改已经生效；还可以选择 IDEA 菜单栏中的"File"→"Invalidate Caches/Restart"选项，在弹出的对话框中单击"Invalidate and Restart"按钮，即可重启 IDEA。

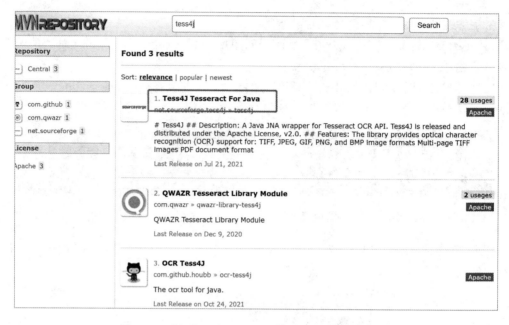

图 13-4　选择第一个（Tess4J Tesseract For Java）选项

```xml
<?xml version="1.0" encoding="UTF-8"?>
<project xmlns="http://maven.apache.org/POM/4.0.0"
        xmlns:xsi="http://www.w3.org/2001/XMLSchema-instance"
        xsi:schemaLocation="http://maven.apache.org/POM/4.0.0
http://maven.apache.org/xsd/maven-4.0.0.xsd">
    <modelVersion>4.0.0</modelVersion>

    <groupId>org.example</groupId>
    <artifactId>chepai</artifactId>
    <version>1.0-SNAPSHOT</version>
    <dependencies>
        <!--     https://mvnrepository.com/artifact/net.sourceforge.tess4j/
tess4j -->
        <dependency>
            <groupId>net.sourceforge.tess4j</groupId>
            <artifactId>tess4j</artifactId>
            <version>3.4.8</version>
        </dependency>
    </dependencies>
</project>
```

随堂测试

在将依赖添加到 pom.xml 文件中后，要确保修改生效，可以采取（　　），其中比较方便和常用的是（　　）。（多选）

A. 在 pom.xml 文件上右击，在弹出的快捷菜单中选择"Maven"→"Reimport"选项

B. 在 pom.xml 文件中单击 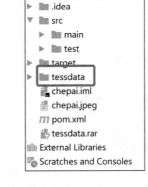 按钮

C. 在命令提示符窗口中执行 mvn compile 命令，确保 pom.xml 文件的修改已经生效

D. 按组合键"Ctrl+Alt+Shift+U"进行 Maven 项目更新

E. 选择 IDEA 菜单栏中的"File"→"Invalidate Caches/Restart"选项，在弹出的对话框中单击"Invalidate and Restart"按钮，即可重启 IDEA

参考答案：ABCDE　AB

13.4.2　准备中文字库

从 Maven 本地库中找到 tess4j.jar，用 winRar 解压缩将其打开，如图 13-5 所示。把 tessdata 整个文件夹复制到 chepai 项目根目录下，如图 13-6 所示。

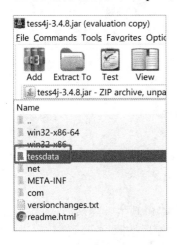

图 13-5　用 winRar 解压缩 tess4j.jar　　图 13-6　把 tessdata 整个文件夹复制到 chepai 项目根目录下

从 GitHub 官网中下载正确的中文字库 chi_sim.traineddata（一定要注意下载与依赖对应的 tesseract 版本，即 3.4.8 版本，大小应该为 43MB 左右，如图 13-7 所示），只有这个才能识别中文。下载后将其复制到项目的 tessdata 文件夹中，如图 13-8 所示。

名称	修改日期	类型	大小
configs	2021/11/19 23:45	文件夹	
chi_sim.traineddata	2020/9/23 13:39	TRAINEDDATA 文件	43,327 KB
eng.traineddata	2018/5/2 16:09	TRAINEDDATA 文件	21,364 KB
osd.traineddata	2018/5/2 16:09	TRAINEDDATA 文件	10,316 KB
pdf	2018/5/2 16:09	TrueType 字体文件	1 KB

图 13-7　正确的 chi_sim.traineddata 的大小

图 13-8　将正确的 chi_sim.traineddata 复制到项目的 tessdata 文件夹中

随堂测试

下列关于 chi_sim.traineddata 的描述，正确的是（　　　）。（多选）

A.　chi_sim.traineddata 是中文字库

B.　项目中要有 chi_sim.traineddata 才能识别中文

C.　要注意下载与依赖对应的 tesseract 版本

D.　下载后要放到项目的 tessdata 文件夹中

参考答案：ABCD

13.4.3　编码实现车牌识别

新建 Tess4jTest 类，从官网中下载的示例代码经过修改得到车牌识别的代码。具体操作为：首先在 Tess4J 官网中，选择"Code Samples"选项；然后按照这个示例代码进行修改，从而得到车牌识别系统。通过测试可以发现，需要注释掉"instance.setDatapath("tessdata");"语句，代码如下。

```java
import net.sourceforge.tess4j.ITesseract;
import net.sourceforge.tess4j.Tesseract;
import net.sourceforge.tess4j.TesseractException;

import java.io.File;

public class ChePaiTest {
    public static void main(String[] args) {
        File imageFile = new File("chepai.jpeg");
        ITesseract instance = new Tesseract();  // JNA Interface Mapping
//        instance.setDatapath("tessdata");
        instance.setLanguage("chi_sim");

        try {
```

```
        String result = instance.doOCR(imageFile);
        System.out.println(result);
    } catch (TesseractException e) {
        System.err.println(e.getMessage());
    }
  }
}
```

上面代码非常简洁，"File imageFile = new File("chepai.jpeg");"语句通过一个文件名调用 File()构造方法得到一个 File 对象，"ITesseract instance = new Tesseract();"语句通过调用 Tesseract()构造方法生成一个 ITesseract 实例（显然 Tesseract 实现了 ITesseract 接口），因为中国的车牌号涉及中文识别，所以调用 "instance.setLanguage("chi_sim");"语句可以加载中文测试数据集。关键的代码就是调用 Tesseract 对象的 doOCR()方法，传入图片文件对应的 File 对象，即从图像中抽取文字的字符串，从而得到识别结果。

在 Java 中，File 类是 java.io 包中唯一代表磁盘文件本身的对象。也就是说，如果想要在程序中操作文件和目录（文件夹），则需要通过 File 类来完成。File 类定义了一些方法来操作文件，如新建、删除、重命名文件和目录等。File 类不能访问文件内容本身，如果要访问文件内容本身，则需要使用输入/输出流，包括 FileInputStream/FileOutputStream 字节流和 FileReader/FileWriter 字符流。在创建一个 File 对象后，就可以调用 File 类的相应方法对文件进行操作。

ITesseract 接口是 Tess4J 的核心接口，提供了识别图像文本的方法，而 Tesseract 类是 ITesseract 接口的实现类，提供了实现 ITesseract 接口的方法。ITesseract 接口的重要方法如表 13-1 所示。本节代码中用到了 setDatapath(String path)方法、setLanguage(String language)方法和 doOCR(File imageFile)方法。

表 13-1　ITesseract 接口的重要方法

方法	说明
void setDatapath(String path)	设置 Tesseract 的数据路径，参数为 String 类型的路径
void setLanguage(String language)	设置 Tesseract 的语言，参数为 String 类型的语言
String doOCR(File imageFile)	识别图像文本，参数为 File 类型的图像文件
List<Word> getWords(Rectangle rect)	获取识别出的单词，参数为 Rectangle 类型的矩形区域
List<Rectangle>getSegmentedRegions(int rect)	获取识别出的分割区域，参数为 int 类型的矩形区域
String getHOCRText(int rect)	获取 HOCR 文本，参数为 int 类型的矩形区域
String getPDFText(int rect)	获取 PDF 文本，参数为 int 类型的矩形区域

随堂测试

1. java.io 包的 File 类是（　　　）。
   A. 字符流类　　　　　　　　　　　　B. 字节流类
   C. 对象流类　　　　　　　　　　　　D. 非流类
2. ITesseract 接口识别图像文本的方法是（　　　）。

A. setDatapath()   B. doOCR()

C. getWords()   D. getHOCRText()

参考答案：1. D   2. B

13.4.4   将车牌识别代码封装到方法中并测试 3 个车牌

为了测试这 3 个车牌，我们首先抽取代码到识别车牌的 getLicensePlate()方法（该方法需要一个表示待识别图片文件名的字符串参数）中。

然后编写 3 个增加@Test 注解的 test1()方法、test2()方法和 test3()方法，分别测试 3 个车牌图片 chepai.jpeg、chepai2.jpeg 和 chepai3.jpeg 的识别情况。

初学者在学习 Java 时，通常是在 main()方法中编写测试代码，如果想要测试多种情况，就要多次修改 main()方法中的代码，很不方便。其实 Java 中提供了快速执行一段代码的方法，即使用@Test 注解。@Test 是 JUnit 单元测试包中的注解，右击加了这个注解的方法的代码就会在弹出的快捷菜单中出现 Run/Debug 命令，如图 13-9 所示，可以直接执行，这就是单元测试。一个类中最多只有一个 main()方法，但是可以有多个@Test 注解的方法，从而大大方便了测试。

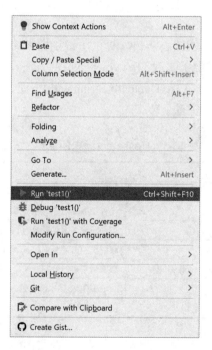

图 13-9   加入 JUnit 单元测试包的@Test 注解可以进行单元测试

使用@Test 注解的步骤如下。

（1）将需要测试的情况编写成一个测试方法。

（2）使用@Test 注解标记测试方法，IDEA 会出现报错。

（3）选中@Test 行，按组合键"Alt+Enter"，弹出快捷菜单。

（4）选择快捷菜单第一项（Add 'JUnit4' to classpath），按 Enter 键，在弹出的"Download Library from Maven Repository"对话框中单击"OK"按钮。此时，IDEA 自动引入单元测试依赖 JAR 包，使其不再报错。

（5）单击方法前的"执行"按钮或者在方法上右击，在弹出的快捷菜单中选择"Run 'xxx()'"选项，即可执行@Test 注解的方法。

最终代码如下。

```java
import net.sourceforge.tess4j.ITesseract;
import net.sourceforge.tess4j.Tesseract;
import net.sourceforge.tess4j.TesseractException;
import org.junit.Test;

import java.io.File;

public class Tess4jTest {
    public static void main(String[] args) {
        File imageFile = new File("chepai3.jpg");
        ITesseract instance = new Tesseract();  // JNA Interface Mapping
//        instance.setDatapath("tessdata");
        instance.setLanguage("chi_sim");

        try {
            String result = instance.doOCR(imageFile);
            System.out.println(result);
        } catch (TesseractException e) {
            System.err.println(e.getMessage());
        }
    }
    //识别车牌的方法
    static String getLicensePlate(String fileName){
        String result =null;
        File imageFile = new File(fileName);
        ITesseract instance = new Tesseract();
        instance.setLanguage("chi_sim");
        try {
            result = instance.doOCR(imageFile);
        } catch (TesseractException e) {
            System.err.println(e.getMessage());
        }
        return result;
```

```
        }
        //测试"鲁A88888"车牌号的图片
        @Test
        public void test1(){
            String fileName="chepai.jpeg";
            System.out.println(getLicensePlate(fileName));
        }
        //测试"沪A88888"车牌号的图片
        @Test
        public void test2(){
            String fileName="chepai2.jpg";
            System.out.println(getLicensePlate(fileName));
        }
        //测试"冀T07M77"车牌号的图片
        @Test
        public void test3(){
            String fileName="chepai3.jpg";
            System.out.println(getLicensePlate(fileName));
        }
}
```

分别运行 test1()方法、test2()方法和 test3()方法，测试 3 个车牌号图片的数据识别情况。从运行结果中可以发现，"沪 A88888"车牌号的图片由于图片质量最高，虽然识别准确率最高，但是识别出的车牌号前面和后面都多了一个下画线，如图 13-10 所示；"鲁 A88888"车牌号的图片由于右下角有瑕疵，最后一个数字没有识别出来，如图 13-11 所示；"冀 T07M77"车牌号的图片由于识别效果最差，因此没有识别出来，如图 13-12 所示。

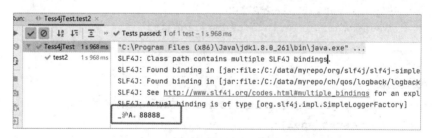

图 13-10 "沪 A88888"车牌号的图片识别结果

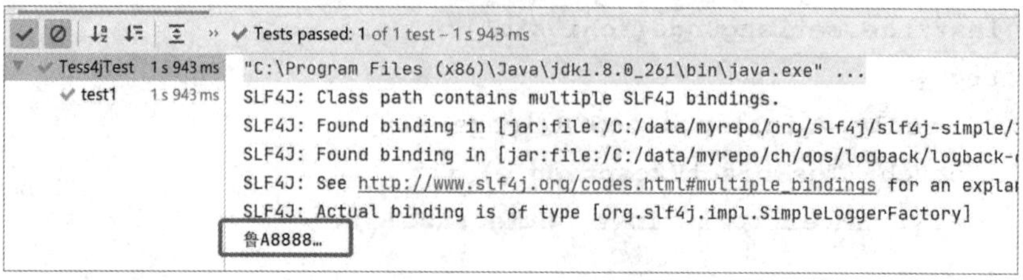

图 13-11 "鲁 A88888"车牌号的图片识别结果

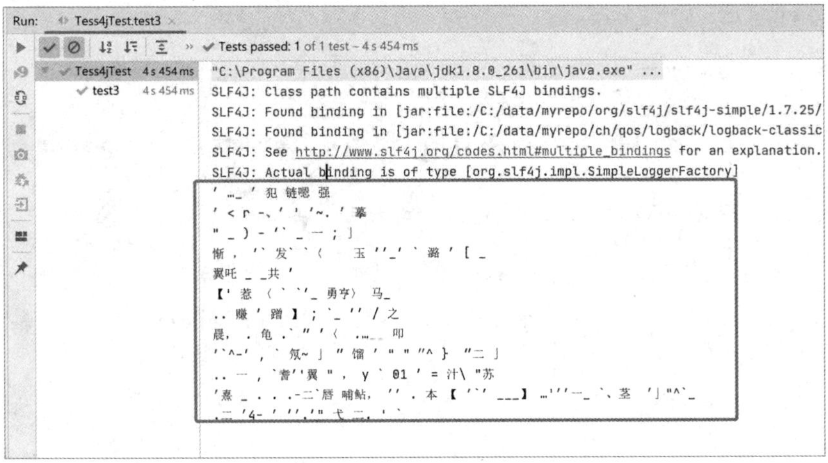

图 13-12　"冀 T07M77" 车牌号的图片识别结果

随堂测试

@Test 注解用于标记（　　　）。

A．测试方法
B．测试类
C．测试变量
D．测试对象

参考答案：A

动手练习

将车牌识别代码封装到 getLicensePlate(String fileName)方法中，并测试 3 个车牌。

13.5　使用百度 AI 开放平台实现车牌识别

13.5.1　编码前的准备

由于百度 AI 开放平台提供了车牌识别服务，且准确率很高，因此我们可以像使用百度的短信服务实现发送短信模块一样，使用百度 AI 开放平台中的车牌识别服务实现车牌识别。

第一步：成为百度 AI 开放平台的开发者。

要调用百度 AI 开放平台的文字识别能力先要成为百度 AI 开放平台的开发者，即打开 https://passport.baidu.com/v2/?reg 链接，注册一个百度账号。

第二步：开通文字识别服务。

注册后，登录文字识别控制台，领取免费测试资源（我们只需领用交通场景 OCR 中的车牌识别即可，如图 13-13 所示）并在文字识别控制台中为本程序创建一个应用，获取该应用的 API KEY 及 Secret KEY（同发送短信）。

图 13-13　领取免费测试资源

动手练习

1.　注册一个百度账号。

2.　注册后，登录文字识别控制台，领取免费测试资源并在文字识别控制台中为本程序创建一个应用，获取该应用的 API KEY 及 Secret KEY（同发送短信）。

13.5.2　调用百度 API 接口实现车牌识别系统

第一步：新建常量类 BaiduAPIConstants，将应用的 API KEY 及 Secret KEY 的值保存起来。

常量类 BaiduAPIConstants 的最终代码如下。

```java
public class BaiduAPIConstants {
    public static String API_KEY="你的应用的 API KEY";
    public static String  SECRETE_KEY="你的应用的 Secret KEY";
}
```

第二步：新建 LicensePlate 类，从示例代码中复制并修改得到这个类的代码。

新建 LicensePlate 类，选择文字识别控制平台中的"技术文档"选项，如图 13-14 所示。

在技术文档界面中，选择"API 文档"→"交通场景文字识别"→"车牌识别"选项，在"请求代码示例"选区中，选择"JAVA"选项卡，将代码复制到 LicensePlate 类中，注意类名和示例代码的类名一致。

图 13-14　选择文字识别控制平台中的"技术文档"选项

使用示例代码前，请记得替换其中的示例 Token、图片地址或 Base64 信息。部分语言依赖的类或库，请在代码注释中按照下载地址（主要是 Base64Util、FileUtil、GsonUtils、HttpUtil）下载并添加到项目中，如图 13-15 所示。

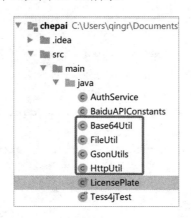

图 13-15　下载依赖的工具类并添加到项目中

替换 Token、图片地址或 Base64 信息后的代码如下，只有加粗部分的两处是需要改动的地方。

```
import java.net.URLEncoder;

/**
 * 车牌识别
 */
public class LicensePlate {
```

```java
/**
 * 重要提示代码中所需工具类
 * FileUtil、Base64Util、HttpUtil、GsonUtils 请从
 * https://ai.baidu.com/file/658A35ABAB2D404FBF903F64D47C1F72
 * https://ai.baidu.com/file/C8D81F3301E24D2892968F09AE1AD6E2
 * https://ai.baidu.com/file/544D677F5D4E4F17B4122FBD60DB82B3
 * https://ai.baidu.com/file/470B3ACCA3FE43788B5A963BF0B625F3
 * 下载
 */
public static String licensePlate() {
    // 请求 URL
    String url = "https://aip.baidubce.com/rest/2.0/ocr/v1/license_plate";
    try {
        // 图片文件路径
        String filePath = "chepai3.jpg";
        //将图片文件转为字节数组
        byte[] imgData = FileUtil.readFileByBytes(filePath);
        String imgStr = Base64Util.encode(imgData);
        String imgParam = URLEncoder.encode(imgStr, "UTF-8");

        String param = "image=" + imgParam;
```

//需要注意的是，这里仅为了简化编码的每一次请求都要获取 access_token，由于线上环境 access_token 有过期时间，因此可以改为客户端可自行缓存，并在过期后重新获取，代码见下面加粗部分

```java
        String accessToken = AuthService.getAuth();

        String result = HttpUtil.post(url, accessToken, param);
        System.out.println(result);
        return result;
    } catch (Exception e) {
        e.printStackTrace();
    }
    return null;
}

public static void main(String[] args) {
    LicensePlate.licensePlate();
}
}
```

第三步：新建 AuthService 类，从示例代码中复制并修改，从而得到这个类的代码。

选择"API 文档"→"调用方式"选项，在右侧找到"Access Token 获取"文字链接并单击，如图 13-16 所示。选择"新手指南"→"鉴权认证机制"选项，从"获取 access_token 示例代码"选区中，选择"JAVA"选项卡，将代码复制到 AuthService 类中，注意类名的一致性，并且将 getAuth()方法中的 clientId 修改为"百度云应用的 AK"，clientSecret 修改为"百度云应用的 SK"，如图 13-17 所示。

图 13-16　单击"Access Token 获取"文字链接

图 13-17　获取并修改示例代码

AuthService 的最终代码如下，只有加粗部分的两行是需要改动的地方。

```java
import org.json.JSONObject;

import java.io.BufferedReader;
import java.io.InputStreamReader;
import java.net.HttpURLConnection;
import java.net.URL;
import java.util.List;
import java.util.Map;

/**
 * 获取 Token 类
 */
public class AuthService {

    public static String getAuth() {
        //将从官网中获取的 API KEY 更新为你注册的
        String clientId = BaiduAPIConstants.API_KEY;
        //将从官网中获取的 Secret KEY 更新为你注册的
        String clientSecret =BaiduAPIConstants.SECRETE_KEY;
        return getAuth(clientId, clientSecret);
    }

    public static String getAuth(String ak, String sk) {
        //获取 Token 地址
        String authHost = "https://aip.baidubce.com/oauth/2.0/token?";
        String getAccessTokenUrl = authHost
                //1. grant_type 为固定参数
                + "grant_type=client_credentials"
                //2. 从官网中获取的 API KEY
                + "&client_id=" + ak
                //3. 从官网中获取的 Secret KEY
                + "&client_secret=" + sk;
        try {
            URL realUrl = new URL(getAccessTokenUrl);
            //打开和 URL 之间的连接
            HttpURLConnection  connection  =  (HttpURLConnection) realUrl.
openConnection();
            connection.setRequestMethod("GET");
            connection.connect();
            //获取所有响应头字段
            Map<String, List<String>> map = connection.getHeaderFields();
```

```
        //遍历所有的响应头字段
        for (String key : map.keySet()) {
            System.err.println(key + "--->" + map.get(key));
        }
        //通过定义 BufferedReader 输入流来读取 URL 的响应
        BufferedReader in = new BufferedReader(new InputStreamReader
(connection.getInputStream()));
        String result = "";
        String line;
        while ((line = in.readLine()) != null) {
            result += line;
        }
        /**
         * 返回结果示例
         */
        System.err.println("result:" + result);
        JSONObject jsonObject = new JSONObject(result);
        String access_token = jsonObject.getString("access_token");
        return access_token;
    } catch (Exception e) {
        System.err.printf("获取 Token 失败! ");
        e.printStackTrace(System.err);
    }
    return null;
    }

}
```

AuthService 类定义了两个重载的 getAuth()方法来获取 Token。getAuth(String ak, String sk)是为第一个无参的 getAuth()方法服务的。无参的 getAuth()方法用两个变量保存了在文字识别控制台创建的应用的 API KEY 及 Secret KEY，并以这两个变量为参数，通过调用 getAuth(String ak, String sk)方法来获得 Token。

getAuth(String ak, String sk)方法可以使用 java.net.URL 类从网络资源中获取数据。使用 java.net.URL 类的步骤如下。

（1）创建 URL 对象。

（2）打开 URL 链接。

（3）从链接中获取输入流。

（4）从输入流中读取数据。

（5）关闭输入流。

我们都可以从上面代码中找到对应每个步骤的一条或多条语句，除了关闭输入流（经常被省略）。

- getAccessTokenUrl 变量保存了请求 Token 的 HTTP 请求字符串。HTTP 请求可以包含 URL 和由 "&" 隔开的请求参数字符串，其中 URL 是指定访问资源的地址，而请求参数是指在发送请求时附带的额外信息，用于指定请求的内容。
- 使用 "URL realUrl = new URL(getAccessTokenUrl);" 语句可以创建 URL 对象并保存到 realUrl 中。
- 使用 "HttpURLConnection connection = (HttpURLConnection) realUrl.openConnection();" 语句可以打开和 URL 之间的链接，并将返回的 URLConnection 对象保存到 connection 中。URLConnection 对象可以用来发送 HTTP 请求和接收 HTTP 响应。HttpURLConnection 是 URLConnection 的子类，一个子类对象可以说是一个父类对象，反之则不行，所以前面需要增加 (HttpURLConnection)进行强制数据类型转换。HttpURLConnection 类的 connect()方法用来建立到指定 URL 的链接，发送 HTTP 请求，并获取 HTTP 响应。
- 使用 "BufferedReader in = new BufferedReader(new InputStreamReader(connection.getInputStream()));" 语句从链接中获取输入流并用输入流构建一个缓冲输入流对象保存到 in 中。
- while ((line = in.readLine()) != null) 循环从输入流读取数据，直到读取的数据为 null。

BufferedReader 是比较常用的缓冲输入字符流，对应的输出字符流类是 BufferedWriter。BufferedReader 提供了很多常用的、从字符输入流中读取文本的方法，如 String readLine() 方法从输入流中读取一行文本；int read()方法从输入流中读取一个字符；int read(char[] cbuf) 方法从输入流中读取一定数量的字符。BufferedReader 类提供了两个构造方法：一个是 BufferedReader(Reader in)，用于创建一个使用默认大小输入缓冲区的缓冲字符输入流；另一个是 BufferedReader(Reader in, int sz)，用于创建一个使用指定大小输入缓冲区的缓冲字符输入流。构造方法的 java.io.Reader 参数是 Java IO 包中的一个抽象类，也是所有字符输入流的超类。它的类继承结构为 java.lang.Object > java.io.Reader > java.io.InputStreamReader > java.io.FileReader。所以，FileReader、InputStreamReader 等都是 Reader 的子类，都可以作为参数传入。

java.io.InputStreamReader 类提供了两个构造方法：一个是 InputStreamReader(InputStream in)，用于创建一个使用默认字符集的字符流；另一个是 InputStreamReader(InputStream in, String charsetName)，用于创建一个使用指定字符集的字符流。HttpURLConnection 类的 getInputStream()方法可以用于获取一个 InputStream 对象，该对象可以用于从 URL 中读取数据。

运行 LicensePlate 类的代码，发现 Tess4J 识别效果最差的 "冀 T07M77" 车牌号的图片在使用百度文字识别服务时却可以识别得很好，能够被准确识别出来，如图 13-18 所示。

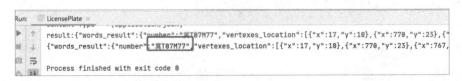

图 13-18　"冀 T07M77" 车牌号的图片可以被准确识别出来

1. java.net.URL 类的（　　　）方法可以用来建立到指定 URL 的链接，并返回一个 URLConnection 对象。

　　A. openConnection()　　　　　　　　B. connect()

　　C. accept()　　　　　　　　　　　　　D. 构造方法

2. 阅读下面的代码，并将空白处填写完整。

```
import java.io.*;
public class Test1 {
public static void main (String args[ ]) throws Exception {
    int a=4;
    BufferedReader  br=new  BufferedReader    (  new_InputStreamReader
(System.in));
    System.out.println("请输入一个数字");
     String input=__br.readLine()_____;
    int b=Integer.parseInt(input);
    if(b>a)  {
        int  sum =b/a;
        System.out.println(sum);
    }
    else{
            System.out.println("输入错误");
    }
    }
}
```

当输入的数字是 8 时，打印输出的结果是_____。

参考答案：1. A　2. 2

动手练习

编写调用百度 API 接口实现车牌识别系统的代码，使其能够输出识别的车牌号。

13.5.3　使用 GsonFormatPlus 生成识别结果的实体类 Result

百度车牌识别的 API 接口返回的是一个 JSON 数据，示例如下（该示例数据可以从百度车牌识别的 API 接口的文档中获取）。

```
{
    "words_result": [
        {
            "number": "京KBT355",
```

```
        "vertexes_location": [
            {
                "x": 500,
                "y": 587
            },
            {
                "x": 794,
                "y": 588
            },
            {
                "x": 794,
                "y": 677
            },
            {
                "x": 498,
                "y": 675
            }
        ],
        "color": "blue",
        "probability": [
            0.9999996424,
            0.9999886751,
            0.999977231,
            0.9999722242,
            0.9999969006,
            0.9999980927,
            0.9999967813,
            0.9999899864
        ]
    }
],
"log_id": "14634687719738901729"
}
```

我们可以使用 GsonFormatPlus 很轻松地从 JSON 格式的数据示例中得到一个对应数据结构的实体类。GsonFormatPlus 是一款基于 Google Gson 的，用于 IDEA 和 Android Studio 的插件，可以帮助开发者快速生成 Gson 序列化和反序列化代码，从而提高开发效率。

第一步：新建一个 Result 类。

第二步：在 Result 类中右击，在弹出的快捷菜单中选择"Generate"→"GsonFormatPlus"选项，在弹出的"GsonFormatPlus"对话框中单击"Setting"按钮，在弹出的"Setting"对话框中确认"Gson"单选按钮被选中，单击"OK"按钮，如图 13-19 所示。将百度车牌识别 API 中的 JSON 格式示例数据复制到"GsonFormatPlus"对话框的"JSON"选区中，如

图 13-20 所示。单击"OK"按钮，即可得到 Result 类的代码。

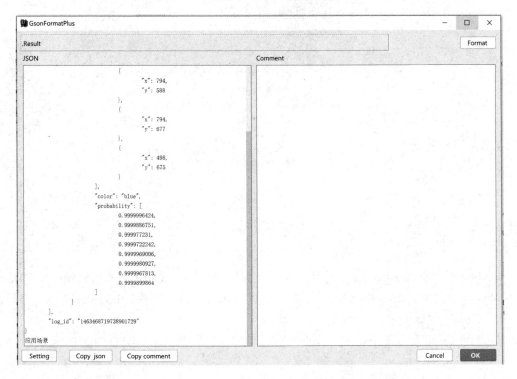

图 13-19　确认"Gson"单选按钮被选中

图 13-20　复制百度车牌识别 API 中的 JSON 格式示例数据

替换 Result 类中的代码。

替换前的代码如下。

```
private List<WordsResultDTO> words_result;
```

替换后的代码如下。

```
private WordsResultDTO  words_result;
```

最终代码如下。

```
import lombok.Data;
import lombok.NoArgsConstructor;

import java.util.List;

@NoArgsConstructor
@Data
public class Result {


    private String log_id;
    private WordsResultDTO  words_result;

    @NoArgsConstructor
    @Data
    public static class WordsResultDTO {
        private String number;
        private String color;
        private List<VertexesLocationDTO> vertexes_location;
        private List<Double> probability;

        @NoArgsConstructor
        @Data
        public static class VertexesLocationDTO {
            private int x;
            private int y;
        }
    }
}
```

lombok 的@NoArgsConstructor 注解可以让编译器自动生成一个无参构造函数。@Data 注解可以自动生成 getter/setter 方法、equals()方法、hashCode()方法、toString()方法。显然，使用 lombok 的注解可以大大简化程序代码。

先调用 Result 类的 getWords_result()方法可以得到 WordsResultDTO 对象；再用这个对象调用 getNumber()方法，即可得到车牌号。

GsonUtils 是 GsonFormatPlus 插件中的一个工具类，提供了一系列的方法，用于实现

Gson 序列化和反序列化。其中，GsonUtils.fromJson()方法可以将 JSON 字符串转换为 Java 对象，从而实现 JSON 反序列化，其用法如下。

```
String jsonString = "...";
MyObject myObject = GsonUtils.fromJson(jsonString, MyObject.class);
```

其中，jsonString 表示 JSON 字符串，MyObject 表示要转换的 Java 对象的类名。

我们可以将百度车牌识别的 API 接口返回的 JSON 字符串通过以下语句转为 Result 对象。

```
Result result=GsonUtils.fromJson(result,Result.class);
```

通过以下代码，即可获得车牌号。

```
String number=r.getWords_result().getNumber();
```

随堂测试

关于 GsonUtils 和 GsonFormatPlus，下列描述正确的是（　　　）。（多选）

A. GsonUtils 是 GsonFormatPlus 插件中的一个工具类

B. GsonUtils 提供了一系列的方法，用于实现 Gson 序列化和反序列化

C. GsonFormatPlus 是一款可用于 Android Studio 和 IDEA 的插件

D. GsonFormatPlus 可以帮助开发者快速生成 Gson 序列化和反序列化代码

参考答案：ABCD

动手练习

从百度车牌识别的 API 接口文档中复制百度车牌识别的 API 接口返回的示例数据，用该数据生成一个 Result 类，并试着改写调用百度 API 接口实现车牌识别系统的代码，使其能够输出识别的车牌号。

13.5.4　定义重载的车牌识别方法

为了测试 3 个车牌的识别情况，我们需要定义重载的车牌识别的方法。

第一步：定义多个重载的 licensePlate()方法。

观察 13.5.2 节中的 licensePlate()方法可以发现，图片的文件名是确定的，且无法重用，因此可以在该方法中定义以图片文件名为参数，以 byte[]图片的像素数据为接口。具体修改如下。

（1）增加一个 licensePlate(byte[] imageData)方法，byte[]类型的 imageData 参数表示图片的像素数据，将原来 licensePlate()方法的相关代码复制过来，并做修改，主要是删除以下显示的两行代码。

```
// 图片文件路径
String filePath = "chepai3.jpg";
//将图片文件转为字节数组
byte[] imgData = FileUtil.readFileByBytes(filePath);
```

将返回的 result 转为 Result 对象 r，并调用 r.getWords_result().getNumber()方法，得到车牌号。

最终代码如下。

```java
public static String licensePlate(byte[] imgData){
    //请求 URL
    String url = "https://aip.baidubce.com/rest/2.0/ocr/v1/license_plate";
    try {
        //此处删除两行代码
        String imgStr = Base64Util.encode(imgData);
        String imgParam = URLEncoder.encode(imgStr, "UTF-8");

        String param = "image=" + imgParam;

        /*需要注意的是，这里仅为了简化编码的每一次请求都要获取 access_token, 由于
线上环境 access_token 有过期时间，因此可以改为客户端可自行缓存，并在过期后重新获取*/
        String accessToken = AuthService.getAuth();

        String result = HttpUtil.post(url, accessToken, param);
        System.out.println(result);
        //将返回的 result 转为 Result 对象 r
        Result r=GsonUtils.fromJson(result,Result.class);
        //调用 r.getWords_result().getNumber()方法，得到车牌号
        String number=r.getWords_result().getNumber();
        return number;
    } catch (Exception e) {
        e.printStackTrace();
    }
    return null;
}
```

（2）增加一个重载的 licensePlate(String filePath)方法，String 类型的 filePath 参数表示图片文件路径。调用 licensePlate(byte[] imageData)方法需要增加处理异常的 try 语句块和 catch 语句块，让代码可以编译通过，最终代码如下。

```java
public static String licensePlate(String filePath){
    //本地文件路径
    try {
        byte[] imgData = FileUtil.readFileByBytes(filePath);
        //调用 licensePlate(byte[] imageData)方法
        return licensePlate(imgData);
    } catch (IOException e) {
        e.printStackTrace();
    }
    return null;
}
```

（3）修改 main()方法，将原来的"LicensePlate.licensePlate();"语句改为"LicensePlate.
licensePlate("chepai3.jpg");"语句，并进行测试。

```
public static void main(String[] args) {
    String number = LicensePlate.licensePlate("chepai3.jpg");
    System.out.println("chepai3.jpg 文件的车牌号是："+number);
}
```

（4）测试通过后，将原来的 licensePlate()方法删除。

第二步：增加 3 个带@Test 注解的方法分别测试 3 个车牌号图片的识别情况。

用 3 个带@Test 注解的方法分别测试 3 个车牌号图片的识别情况。最终代码如下（改变的是加粗字体部分）。

```
import org.junit.Test;

import java.net.URLEncoder;

/**
 * 车牌识别
 */
public class LicensePlate {

    ...

    public static void main(String[] args) {
        String number = LicensePlate.licensePlate("chepai3.jpg");
        System.out.println("chepai3.jpg 文件的车牌号是："+number);
    }
    //测试"鲁A88888"车牌号的图片
    @Test
    public void test1(){
        System.out.println(LicensePlate.licensePlate("0.png"));
    }

    @Test
    public void test2(){
        System.out.println(LicensePlate.licensePlate("chepai2.jpg"));
    }

    @Test
    public void test3(){
        System.out.println(LicensePlate.licensePlate("chepai3.jpg"));    }
}
```

分别运行 test1()方法、test2()方法和 test3()方法测试 3 个车牌号图片的数据识别情况。图 13-21、图 13-22 和图 13-23 所示分别为使用百度 AI 开放平台识别"鲁 A88888"车牌号图片、"沪 A88888"车牌号图片和"冀 T07M77"车牌号图片的结果。从运行结果中可以发现，3 个车牌号都能准确识别，准确率比 Tess4J 高出很多。主要原因是算法不同，而且百度文字识别服务还针对车牌识别技术进行了优化。百度作为国内互联网大厂，借助国内大数据的优势，在人工智能领域实现"弯道超车"，是一件可喜可贺的事情。

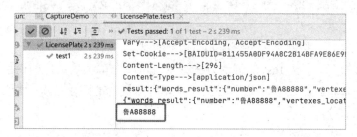

图 13-21　使用百度 AI 开放平台识别"鲁 A88888"车牌号图片的结果

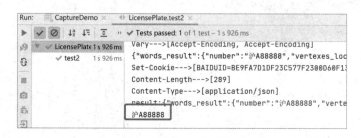

图 13-22　使用百度 AI 开放平台识别"沪 A88888"车牌号图片的结果

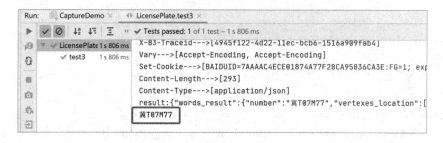

图 13-23　使用百度 AI 开放平台识别"冀 T07M77"车牌号图片的结果

动手练习

　　定义重载的车牌识别方法并测试 3 个车牌。

13.5.5　使用 webcam-capture 增加摄像头抓拍车牌功能

　　webcam-capture 是一个开源的网络摄像头捕获 API。它支持直接用 Java 使用内置或 USB 连接的网络摄像头，可以让开发者轻松地从摄像头中捕获图像和视频，并且可以自定义捕获的图像和视频的格式与大小。它旨在抽象化常用的相机功能并支持各种捕获框架。

表 13-2 所示为 web-capture 中重要的类。

表 13-2   webcam-capture 中重要的类

参数或返回值	说明
Webcam	摄像头
WebcamPanel	摄像头面板，与某个摄像头相关，显示摄像头视图
WebcamResolution	摄像头分辨率，可以设置
WebcamUtils	摄像头工具类，提供了抓拍图片的很多方法
ImageUtils	图像工具类，用常量指定图片格式

调用摄像头拍照的步骤如下。

第一步：生成摄像头对象并设置摄像头视图的大小。

这里将摄像头视图选为较小尺寸的 WebcamResolution.QVGA.getSize()方法，代码如下。

```
Webcam webcam = Webcam.getDefault();
webcam.setViewSize(WebcamResolution.QVGA.getSize());
```

第二步：生成摄像头面板对象。

这个摄像头面板与前面的摄像头相关，代码如下。

```
WebcamPanel panel = new WebcamPanel(webcam);
```

第三步：生成一个普通的窗体（JFrame 对象）和"单击抓取"按钮对象。

```
JFrame window = new JFrame("抓取车牌图像");
JButton button = new JButton("单击抓取");
```

第四步：在窗体中添加摄像头面板和一个按钮，让窗体显示。

```
window.add(panel, BorderLayout.CENTER);
window.add(button, BorderLayout.SOUTH);
window.setResizable(true);
window.pack();
window.setVisible(true);
```

第五步：添加窗体"关闭"按钮的事件处理，实现关闭摄像头、关闭窗口并退出程序。

```
window.addWindowListener(new WindowAdapter() {
    @Override
    public void windowClosed(WindowEvent e)
    {
        webcam.close();
        window.dispose();
        System.exit(0);
    }
});
```

第六步：添加"单击抓取"按钮的事件处理，抓拍车牌图片并在抓拍完成后调用车牌号识别方法识别车牌号，在弹窗中显示车牌号。

Java

编程实战教程

SwingUtilities 是 Java Swing 框架中的一个工具类，提供了一些常用的方法，用于更新 Swing 组件、检查事件队列，以及在事件分派线程和非事件分派线程之间进行转换等。SwingUtilities 类的 invokeLater(Runnable doRun)方法是一个静态方法，可以将指定的 Runnable 对象放入事件分派线程的事件队列中，以便在所有事件都处理完成后再执行。SwingUtilities 类的重要方法常用来处理界面的更新，如表 13-3 所示。

表 13-3　SwingUtilities 类的重要方法

方法原型	说明
public static void invokeLater(Runnable doRun)	该方法会导致 doRun.run()方法（一个新的线程体）的调用，并且是在处理完所有 AWT 事件后调用的，常用来处理界面的更新

因为摄像头抓拍图片有一个过程，只有在抓拍完图片之后，才调用车牌识别方法来识别车牌号。为了保证这一点，我们调用 SwingUtilities 类的 invokeLater(Runnable doRun)方法，并且使用匿名内部类生成一个 Runnable 对象，将抓取图片成功后要执行的代码（打开弹窗显示识别出的车牌号）放到这个匿名内部类的 run()方法中。这样抓拍成功后抓拍的 imageData 图片数据会传给车牌号识别的 LicensePlate.licensePlate()方法，以便识别出车牌号，并在弹窗的特定位置显示出来，具体代码如下。

```java
button.addActionListener(new ActionListener() {
    public void actionPerformed(ActionEvent e)
    {
        button.setEnabled(false);
        final byte[] imageData = WebcamUtils.getImageBytes(webcam,
ImageUtils.FORMAT_PNG);
        SwingUtilities.invokeLater(new Runnable() {
            @Override
            public void run()
            {
JOptionPane.showMessageDialog(null,LicensePlate.licensePlate(imageData));
                button.setEnabled(true);
                return;
            }
        });
    }
});
```

完整的代码如下。

```java
import com.github.sarxos.webcam.Webcam;
import com.github.sarxos.webcam.WebcamPanel;
import com.github.sarxos.webcam.WebcamResolution;
import com.github.sarxos.webcam.WebcamUtils;
```

```java
import com.github.sarxos.webcam.util.ImageUtils;

import javax.swing.*;
import java.awt.*;
import java.awt.event.ActionEvent;
import java.awt.event.ActionListener;
import java.io.IOException;

public class CaptureLicensePlate {
    private JFrame window;
    private Webcam webcam;
    private WebcamPanel panel;
    private JButton button;
    public static void main(String[] args) throws IOException {
        new CaptureLicensePlate();
    }
    public CaptureLicensePlate(){
        window=new JFrame(("抓取车牌图像"));
        webcam = Webcam.getDefault();
        webcam.setViewSize(WebcamResolution.QVGA.getSize());
        panel = new WebcamPanel(webcam);

        button = new JButton("单击抓取");
        window.add(panel, BorderLayout.CENTER);
        window.add(button, BorderLayout.SOUTH);
        window.pack();
        window.setVisible(true);
        window.setDefaultCloseOperation(JFrame.EXIT_ON_CLOSE);
        button.addActionListener(new ActionListener() {
            public void actionPerformed(ActionEvent e)
            {
                button.setEnabled(false);
                final byte[] imageData = WebcamUtils.getImageBytes(webcam,
ImageUtils.FORMAT_PNG);
                SwingUtilities.invokeLater(new Runnable() {
                    @Override
                    public void run()
                    {
                        JOptionPane.showMessageDialog(null,LicensePlate.
licensePlate(imageData));
                        button.setEnabled(true);
                        return;
                    }
```

```
                    });
                }
            });
        }
    }
```

运行程序，将打开摄像头，用手机将车牌号图片送入摄像头，如图 13-24 所示。单击"单击抓取"按钮，将弹出识别的车牌号，如图 13-25 所示。

图 13-24　用手机将车牌号图片送入摄像头　　　　图 13-25　识别的车牌号

随堂测试

1. 请描述 SwingUtilities 类的 invokeLater(Runnable doRun)方法的作用。
2. 请给出一个使用 SwingUtilities 类的 invokeLater(Runnable doRun)方法的示例代码。

参考答案：

1. SwingUtilities 类的 invokeLater(Runnable doRun)方法可以将指定的 Runnable 对象放入事件分派线程的事件队列中，以便在所有事件都处理完成后再执行。

2. 示例代码如下。

```
SwingUtilities.invokeLater(new Runnable() {
    public void run() {
        // 执行代码
    }
});
```

动手练习

编写代码，使用 webcam-capture 增加摄像头抓拍车牌功能。

单元 *14* 生成和识别二维码

学习目标

- 学习使用 ZXing 实现二维码的编码和解码。
- 解决在 IDEA 的 JUnit 单元测试中不能使用 Scanner 的问题。
- 学习使用 webcam-capture 调用摄像头，实现扫描二维码和识别二维码。
- 体验在有图形用户界面的系统中将耗时的工作线程设置为后台线程。

14.1 任务描述

本单元开发一个实用工具类，可以实现二维码的解码和编码。

二维码是一种矩阵条码，可以将文本、网址、图片等信息编码成一个可视化的条形码，也可以通过手机摄像头或其他设备快速扫描识别，从而实现信息的快速传输。二维码是移动领域很常用的技术，几乎无处不在。二维码处理分为编码和解码两部分，其中编码就是将字符串生成二维码图片，也被称为生成二维码图片；解码就是从二维码图片中解析出字符串，也被称为识别二维码。

Google 的 ZXing 是一个开源的 Java 库，用于解析和生成条形码和二维码。它支持多种格式，如 QR 码、Data Matrix、Aztec 等，可以用来实现跨平台的条形码与二维码的扫描和生成功能。本单元使用 ZXing 来实现生成二维码图片和识别二维码的功能。

随堂测试

关于二维码及编程技术，下列描述正确的是（　　　）。（多选）

A. 二维码是一种矩阵条码，可以将文本、网址、图片等信息编码成一个可视化的条形码

B. 文本、网址、图片等信息都可以编码成二维码

C. 二维码可以通过手机摄像头或其他设备快速扫描识别

D. ZXing 是一个开源的 Java 库，用于解析和生成条形码与二维码

参考答案：ABCD

14.2 创建 Maven 项目、添加 ZXing 相关依赖并创建类

第一步：创建 Maven 项目 qrcode，不使用骨架。

第二步：在 pom.xml 文件中添加 com.google.zxing.javase，最终代码如下。

```xml
<?xml version="1.0" encoding="UTF-8"?>
<project xmlns="http://maven.apache.org/POM/4.0.0"
        xmlns:xsi="http://www.w3.org/2001/XMLSchema-instance"
        xsi:schemaLocation="http://maven.apache.org/POM/4.0.0
http://maven.apache.org/xsd/maven-4.0.0.xsd">
    <modelVersion>4.0.0</modelVersion>

    <groupId>org.example</groupId>
    <artifactId>qrcode</artifactId>
    <version>1.0-SNAPSHOT</version>

    <dependencies>
        <dependency>
            <groupId>com.google.zxing</groupId>
            <artifactId>javase</artifactId>
            <version>3.4.0</version>
        </dependency>
        <dependency>
            <groupId>junit</groupId>
            <artifactId>junit</artifactId>
            <version>4.12</version>
            <scope>test</scope>
        </dependency>
    </dependencies>
</project>
```

第三步：创建 QRcodeTest 类。

动手练三

创建 Maven 项目、添加 ZXing 相关依赖并创建 QRcodeTest 类。

14.3　实现生成二维码图片

　　首先调用MultiFormatWriter类的encode()方法,可以将指定字符串转换成一个BitMatrix类型表示的二维码矩阵数据;然后调用MatrixToImageWriter类的相关方法,即可将BitMatrix类中的二维码矩阵数据转换为jpg、png、gif或svg等格式的二维码图片。

　　ZXing 中的 MultiFormatWriter 类提供了两个 encode()方法, 可以根据指定格式和参数将字符串表示的内容转换成一个 BitMatrix 类型的结果。BitMatrix 是 ZXing 库中的一个类,也是一个二维矩阵,用于存储条形码或二维码的信息。ZXing 通过 BitMatrix 类实现二维码图片与字符串信息之间的转换。MultiFormatWriter 类的 encode()方法说明如表 14-1 所示。encode()方法的参数说明如表 14-2 所示。

表 14-1　MultiFormatWriter 类的 encode()方法说明

方法签名	说明
public BitMatrix encode(String contents, BarcodeFormat format, int width, int height) throws WriterException	生成指定格式的条形码和二维码
public BitMatrix encode(String contents, BarcodeFormat format, int width, int height, Map<EncodeHintType,?> hints) throws WriterException	不仅可以生成指定格式的条形码和二维码,还可以指定一些额外的参数,如编码模式、容错率等

表 14-2　encode()方法的参数说明

参数	说明
String contents	待编码的字符串
BarcodeFormat format	编码的方式（如二维码、条形码等）,二维码用 BarcodeFormat.QR_CODE
int width	首选的宽度
int height	首选的高度
Map<EncodeHintType,?> hints	编码时的额外参数（如字符集、容错率、边距等）,可以生成更细致、更高要求的代码

　　因 为 encode() 方 法 生 成 的 二 维 码 是 BitMatrix 类 型 的, 所 以 还 需 要 使 用MatrixToImageWriter 类 将 BitMatrix 类 中 的 矩 阵 数 据 转 换 为 可 以 显 示 的 图 片。MatrixToImageWriter 类 提 供 了 一 些 重 要 的 方 法, 如 writeToStream()、writeToFile()、writeToPath()等。调用这些方法可以将 BitMatrix 类中的矩阵数据转换为 jpg、png、gif 或 svg等格式的图片。将一个字符串编码成二维码图片的过程如图 14-1 所示。

图 14-1　将一个字符串编码成二维码图片的过程

　　下面是最简化的生成二维码图片的示例代码,可以将 content 的字符串信息转换成

format 指定的编码格式的图片文件，并保存到 path 中。

```
    public static void encode(String content,String path,String format)
throws Exception {
        BitMatrix byteMatrix;
        byteMatrix = new MultiFormatWriter().encode(new String(content.getBytes
("UTF-8"),
                    "iso-8859-1"),
            BarcodeFormat.QR_CODE, 400, 400);
        File file = new File(path);
        MatrixToImageWriter.writeToFile(byteMatrix, format, file);
    }
```

测试代码如下。

```
    @Test
    public  void testEncode() throws Exception {
        Scanner scanner = new Scanner(System.in);
        System.out.println("请输入要编码的内容：");
        String str = scanner.next();// 二维码内容
        System.out.println("请输入文件名：");
        String fileName=scanner.next();
        System.out.println("请选择文件格式(1.png;2.jpg): ");
        int suff=Integer.parseInt(scanner.next());
        String format="png";
        switch(suff){
            case 1:format="png";break;
            case 2:format="jpg";break;
        }
        encode(str,fileName,format);
    }
```

由于 testEncode()方法前面有@Test 注解，右击该方法的代码，在弹出的快捷菜单中选择 "Run'testEncode()'" 选项，即可执行 testEncode()方法，使加入 JUnit 的@Test 注解可以进行单元测试如图 14-2 所示。

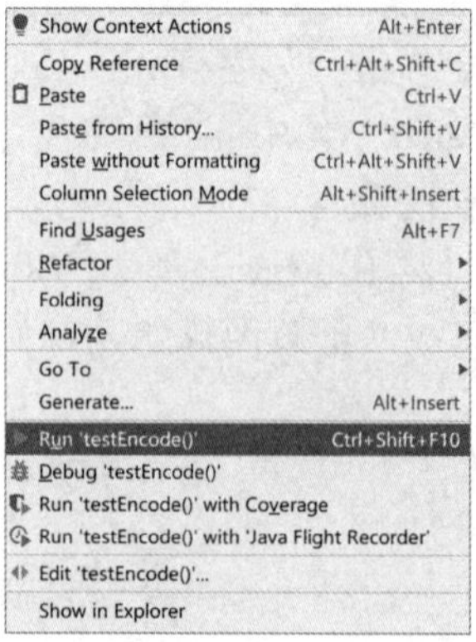

图 14-2 使加入 JUnit 的@Test 注解可以进行单元测试

在 IDEA 的 JUnit 单元测试中，使用 Scanner 会发现控制台无法输入任何内容，解决方法是：选择 IDEA 的"Help"→"Edit Custom VM Options"选项，打开 idea64.exe.vmoptions 配置文件，在最后一行添加"-Deditable.java.test.console=true"语句，如图 14-3 所示，并重启 IDEA。

图 14-3　在 idea64.exe.vmoptions 配置文件中解决 Scanner 无法生效的问题

执行 testEncode()方法，输入要编码的内容"深圳信息职业技术学院"和文件名 "test.png"，将生成"深圳信息职业技术学院"对应的二维码图片并保存到 test.png 中，如图 14-4 所示。用微信扫一扫功能扫描该二维码，可以得到文字"深圳信息职业技术学院"，如图 14-5 所示。

图 14-4　生成"深圳信息职业技术学院"对应的二维码　　图 14-5　微信扫码识别生成的二维码图片

除了 MultiFormatWriter 类，ZXing 中只要实现了 encode()方法的 com.google.zxing.Writer 类的其他子类都可以用来生成二维码，比如 QRCodeWriter 类也有两个 encode()方法，其参数和表 14-2 中的一样。区别在于，QRCodeWriter 类只能用于生成二维码，而 MultiFormatWriter 类却可以用来生成多种类型的条形码和二维码。

我们会发现生成的二维码边框有点大，可以考虑设置 EncodeHintType.MARGIN 额外参数的值来调整，其默认值是 4，可以将其改为 1，如图 14-6 所示。除了边框，EncodeHintType

中定义的参数包括 CHARACTER_SET（字符集）、ERROR_CORRECTION（容错率）、MARGIN（边距）、PDF417_COMPACT（PDF417 紧凑模式）、PDF417_COMPACTION（PDF417 压缩模式）、PDF417_DIMENSIONS（PDF417 维度）、AZTEC_LAYERS（Aztec 层数）等。编码、容错率等很多参数，都可以根据需要自行调整。

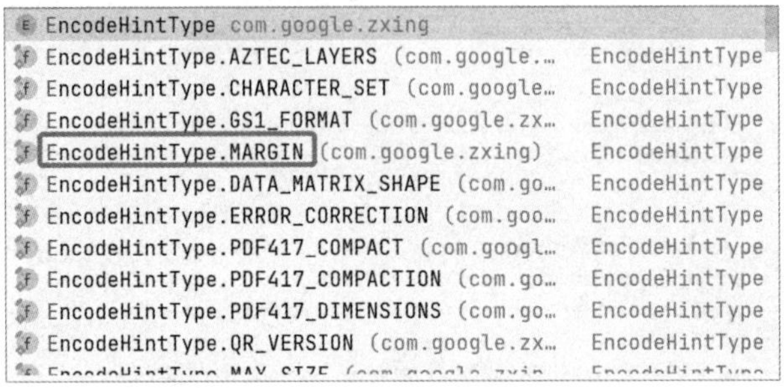

图 14-6　通过设置 EncodeHintType.MARGIN 额外参数的值来调整二维码边框

设置完额外参数后，就需要调用 MultiFormatWriter 类的第二个 encode()方法，最终代码如下。

```java
    public static void encode(String content,String path,String
format) throws Exception {
        BitMatrix byteMatrix;
        HashMap<EncodeHintType, Object> hints = new HashMap<EncodeHintType,
Object>();
        hints.put(EncodeHintType.MARGIN,1);
        byteMatrix    =    new    MultiFormatWriter().encode(new    String
(content.getBytes("UTF-8"),
                        "iso-8859-1"),
            BarcodeFormat.QR_CODE, 400, 400,hints);
        File file = new File(path);
        MatrixToImageWriter.writeToFile(byteMatrix, format, file);
    }
```

再次执行 testEncode()方法，会发现得到的二维码图片边框小了不少。

随堂测试

1. ZXing 如何生成二维码？

2. 对于 com.google.zxing.Writer 类的 encode()方法，有哪些参数可以用来调整二维码的大小和质量？

参考答案：

1. ZXing 首先可以使用 MultiFormatWriter 类来生成二维码，该类提供了两个 encode()方法，可以根据需要指定格式和参数来生成二维码，返回一个 BitMatrix 类型的结果；然后可以使用 MatrixToImageWriter 类的方法，如 writeToStream()、writeToFile()、writeToPath()等，这些方法可以将 BitMatrix 类中的矩阵数据转换为 jpg、png、gif 或 svg 等格式的图片。

2. ZXing 可以使用 width 参数调整二维码的宽度，使用 height 参数调整二维码的高度，使用 hints 参数来调整二维码的质量（如边框、容错率等）。

动手练习

在 QRcodeTest 类中，添加 encode()方法，实现将文本信息编码成二维码并生成二维码图片，分别用 MultiFormatWriter 类和 QRCodeWriter 类实现，要求二维码图片的边框小一些。

14.4   实现识别二维码

com.google.zxing.Writer 是一个抽象类，定义了一些抽象方法，用于生成条形码和二维码。同样地，com.google.zxing.Reader 也是一个抽象类，定义了一些抽象方法，用于读取条形码和二维码。表 14-3 所示为 Reader 类的 3 个方法，其中前两个为重载的 decode()方法，用于解析图形编码，并返回一个解析结果；最后一个为 reset()方法，用于重置解析器的状态，便于复用。

表 14-3   Reader 类的 3 个方法

方法	说明
public Result decode(BinaryBitmap image) throws NotFoundException, ChecksumException, FormatException	从给定的图像中读取条形码/二维码
public Result decode(BinaryBitmap image, Map<DecodeHintType,?> hints) throws NotFoundException, ChecksumException, FormatException	不仅可以从给定的图像中读取条形码/二维码，还可以指定一些额外的参数
public void reset()	重置 Reader 实例，以便重新使用

表 14-4 所示为 decode()方法的参数或返回值的说明，其中 Map<DecodeHintType, ?> hints 参数是帮助解析的一些额外的参数。表 14-5 所示为适用于二维码的额外参数，包括 PURE_BARCODE、POSSIBLE_FORMATS、TRY_HARDER、CHARACTER_SET。其中，POSSIBLE_FORMATS 参数通常被设置为 BarcodeFormat.QR_CODE，CHARACTER_SET 参数被设置为 UTF-8。

表 14-4   decode()方法的参数或返回值的说明

参数或返回值	说明
BinaryBitmap image	被解析的图片
Map<DecodeHintType, ?> hints	帮助解析的一些额外的参数
Result	解析的结果

表 14-5   适用于二维码的额外参数

参数	说明
PURE_BARCODE	Boolean 类型，指定图片是一个纯粹的二维码
POSSIBLE_FORMATS	可能的编码格式，List 类型

续表

参数	说明
TRY_HARDER	花费更多的时间用于寻找图上的编码，优化准确性，但不优化速度，Boolean 类型
CHARACTER_SET	编码字符集，通常指定 UTF-8

从表 14-3 列出的方法签名（原型）可知，decode()方法只能解析 BinaryBitmap 类型的图片数据。而从图片文件中得到一个 BinaryBitmap 类型的图片数据，需要比较复杂的处理过程，如图 14-7 所示。假设文件名保存在 imgPath 字符串中，则处理过程如下。

图 14-7 从图片文件中得到一个 BinaryBitmap 类型的图片数据的处理过程

（1）"File file = new File(imgPath);"语句通过 imgPath 文件名生成一个 File 对象 file。

（2）"BufferedImage image= ImageIO.read(file);"语句以 file 为参数，通过调用 ImageIO 类的 read()方法得到一个图片文件对应的 BufferedImage 对象 image。

（3）"LuminanceSource source = new BufferedImageLuminanceSource(image);"语句以 image 为参数，通过调用 BufferedImageLuminanceSource 类的构造方法得到一个 LuminanceSource 对象 source。BufferedImageLuminanceSource 类实现了 LuminanceSource 接口。

（4）"BinaryBitmap bitmap = new BinaryBitmap(new HybridBinarizer(source));"语句首先以 source 为参数，通过调用 HybridBinarizer 类的构造方法得到一个 Binarizer 对象。HybridBinarizer 类是 Binarizer 类的子类，Binarizer 类还有一个子类 GlobalHistogramBinarizer，虽然 GlobalHistogramBinarizer 类适合没有足够 CPU 和内存的低端手机，但是它不能处理阴影和渐变。所以，这里选择通过 HybridBinarizer 类的构造方法得到一个 Binarizer 对象。最后以这个 Binarizer 对象为参数，通过调用 BinaryBitmap 类的构造方法得到 decode()方法需要的 BinaryBitmap 对象 bitmap，从而可以将这个 BinaryBitmap 对象传给 decode()方法，进行图片解析。

解析二维码图片文件得到一个字符串的代码如下。

```java
// 解码
public static String decode(String imgPath) throws Exception {
    //下面代码从一个二维码图片文件中得到BinaryBitmap类型的图片数据
    File file = new File(imgPath);
    BufferedImage image= ImageIO.read(file);
    if (image == null) {
        System.out.println("Could not decode image");
        return null;
    }
    LuminanceSource source = new BufferedImageLuminanceSource(image);
    BinaryBitmap bitmap = new BinaryBitmap(new HybridBinarizer (source));
```

```
//指定解析的编码方式，使用 Map 的另一个实现类 HashTable
Hashtable hints = new Hashtable();
hints.put(DecodeHintType.CHARACTER_SET, "UTF-8");

Result  result = new MultiFormatReader().decode(bitmap, hints);
return result.getText();
}
```

MultiFormatReader 类实现了 Reader 类的 decode()方法，两者的关系类似于 MultiFormatWriter 类与 Writer 类的关系。除了 MultiFormatReader 类，还有其他可以实现 Reader 类的 decode()方法的子类，如 QRCodeReader 类也能解析二维码。

decode()方法和 encode()方法一样，额外的参数都是 Map 类型。HashTable 和 HashMap 都实现了 Map 接口，但是 HashTable 是线程安全的，而 HashMap 不是。前面生成二维码图片需要使用 HashMap，解析二维码则需要使用 HashTable。

测试代码如下。

```
@Test
public void testdeco() throws Exception {
    Scanner scanner = new Scanner(System.in);
    System.out.println("请输入二维码图片文件名：");
    String fileName=scanner.next();
    System.out.println(decode(fileName));
}
```

运行 testdecode()方法，输入二维码图片文件名"test.png"，即前面生成的二维码图片文件名，将识别出"深圳信息职业技术学院"，如图 14-8 所示。这个识别结果和用微信扫一扫功能识别的结果一样。

图 14-8　对生成的二维码图片进行解码的结果

随堂测试

1. 能够对二维码进行编码的类有（　　　）。（多选）
   A. MultiFormatReader　　　　　　　　　B. QRCodeReader
   C. MultiFormatWriter　　　　　　　　　D. QRCodeWriter
2. 能够对二维码进行解码的类有（　　　）。（多选）
   A. MultiFormatReader　　　　　　　　　B. QRCodeReader

    C. MultiFormatWriter   D. QRCodeWriter

3. 下列描述正确的是（   ）。（多选）

    A. HashTable 实现了 Map 接口

    B. HashMap 和 HashTable 都有 put()方法添加键-值对

    C. HashMap 线程安全

    D. HashTable 线程安全

参考答案：1. CD   2. AB   3. ABD

动手练习

在 QRcodeTest 类中添加 decode()方法实现对二维码图片的解析，分别用 MultiFormatReader 类和 QRCodeReader 类实现。

14.5 将编码和解码封装到工具类 QRCodeUtil 中

第一步：定义一个常数类 QRCodeConstants。

定义一个常数类 QRCodeConstants，目前就只有二维码高度和宽度的值，代码如下。

```java
package util;

public class QRCodeConstants {
    public static int QR_WIDTH=400;
    public static int QR_HEIGHT=400;
}
```

第二步：实现工具类 QRCodeUtil。

先将 decode()方法直接复制过来，再通过 encode()方法将高度和宽度设置为引用常数类的成员变量即可，代码如下。

```java
package util;

import com.google.zxing.*;
import com.google.zxing.client.j2se.BufferedImageLuminanceSource;
import com.google.zxing.client.j2se.MatrixToImageWriter;
import com.google.zxing.common.BitMatrix;
import com.google.zxing.common.HybridBinarizer;

import javax.imageio.ImageIO;
import java.awt.image.BufferedImage;
import java.io.File;
import java.util.Hashtable;
```

```
public class QRCodeUtil {
    // 解码
    public static String decode(String imgPath) throws Exception {
        File file = new File(imgPath);
        BufferedImage image= ImageIO.read(file);
        if (image == null) {
            System.out.println("Could not decode image");
            return null;
        }
        LuminanceSource source = new BufferedImageLuminanceSource(image);
        BinaryBitmap bitmap = new BinaryBitmap(new HybridBinarizer(
            source));

        Hashtable hints = new Hashtable();
        hints.put(DecodeHintType.CHARACTER_SET, "UTF-8");
        Result result = new MultiFormatReader().decode(bitmap, hints);
        return result.getText();
    }

    public static void encode(String content,String path,String format)
throws Exception {
        BitMatrix byteMatrix;
        byteMatrix = new MultiFormatWriter().encode(new String(content.
getBytes("UTF-8"),
                    "iso-8859-1"),
            BarcodeFormat.QR_CODE,                  QRCodeConstants.QR_WIDTH,
QRCodeConstants.QR_HEIGHT);
        File file = new File(path);
        MatrixToImageWriter.writeToFile(byteMatrix, format, file);
    }
}
```

第三步：测试代码。

测试代码见 QRcodeTest 类的 testUtilDecode()方法和 testUtilEncode()方法。

```
import com.google.zxing.*;
import com.google.zxing.client.j2se.BufferedImageLuminanceSource;
import com.google.zxing.client.j2se.MatrixToImageWriter;
import com.google.zxing.common.BitMatrix;
import com.google.zxing.common.HybridBinarizer;
import org.junit.Test;
import util.QRCodeUtil;

import javax.imageio.ImageIO;
```

```java
import java.awt.image.BufferedImage;
import java.io.File;

import java.util.Hashtable;
import java.util.Scanner;

public class QRcodeTest {
    @Test
    public void testUtilDecode() throws Exception {
        Scanner scanner = new Scanner(System.in);
        System.out.println("请输入二维码图片文件名：");
        String fileName=scanner.next();
        System.out.println(QRCodeUtil.decode(fileName));
    }
    @Test
    public void testUtilEncode() throws Exception {
        Scanner scanner = new Scanner(System.in);
        System.out.println("请输入要编码的内容：");
        String str = scanner.next();// 二维码内容
        System.out.println("请输入文件名：");
        String fileName=scanner.next();
        System.out.println("请选择文件格式(1.png;2.jpg)：");
        int suff=Integer.parseInt(scanner.next());
        String format="png";
        switch(suff){
            case 1:format="png";break;
            case 2:format="jpg";break;
        }
        QRCodeUtil.encode(str,fileName,format);
    }
    ...
}
```

输入"物联网应用技术专业"文字并编码，从而得到的 test1.png 文件，如图 14-9 所示。test1.png 文件的解码结果为"物联网应用技术专业"，如图 14-10 所示。

图 14-9 "物联网应用技术专业"文字
        的编码结果

图 14-10 test1.png 文件的解码结果

动手练习

定义工具类 QRCodeUtil，将编码和解码的方法封装到该工具类中。

14.6 实现扫码识别二维码

14.6.1 搭建界面

扫码识别二维码要解决摄像头的内容读取问题。本节仍然使用 webcam-capture API 来实现。

我们需要定义一个 QRCodeCapture 类，像车牌识别系统一样在构造方法中搭建界面，使用 Webcam 参数生成一个摄像头对象，使用 WebcamPanel 参数生成一个摄像头面板，并生成一个窗体，将摄像头面板添加到窗体中。

代码如下。

```
JFrame window=new JFrame("扫码识别二维码");

webcam=Webcam.getDefault();
webcam.setViewSize(WebcamResolution.QVGA.getSize());
WebcamPanel panel = new WebcamPanel(webcam);

window.setDefaultCloseOperation(JFrame.EXIT_ON_CLOSE);
window.add(panel);

window.pack();
window.setVisible(true);
```

动手练习

首先定义一个 QRCodeCapture 类，像车牌识别系统一样在构造方法中搭建界面；然后使用 Webcam 参数生成一个摄像头对象，使用 WebcamPanel 参数生成一个摄像头面板和一个窗体，将摄像头面板添加到窗体中；最后自己查询资料，让窗口在屏幕中间位置显示。

14.6.2 增加一个参数为 BufferedImage 的识别二维码的方法

webcam-capture API 中有多个捕获摄像头图片的方法。表 14-6 所示为 WebcamUtils 类中捕获摄像头图片的方法，其中 getImageBytes()方法可以用来从摄像头中捕获图片，将捕获的图片转换为字节数组；多个重构的 capture()方法，可以将捕获的结果直接转换为文件，第二个参数为捕获的图片的文件名字符串或文件的 File 对象，如图 14-11 所示。

表 14-7 所示为 Webcam 类中捕获摄像头图片的方法，其中 getImage()方法和 getImageBytes()
方法也可以用来从摄像头中捕获图片，分别将捕获的图片转换为 BufferedImage 和字节
数组。

表 14-6   WebcamUtils 类中捕获摄像头图片的方法

方法	说明
byte[] getImageBytes()	将捕获的图片转换为字节数组并返回
多个重构的 capture()方法	将捕获的结果直接转换为文件，将结果保存在第二个参数中

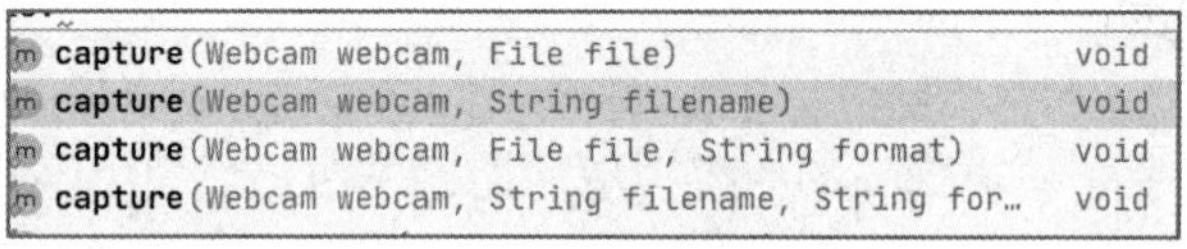

```
m capture(Webcam webcam, File file)                      void
m capture(Webcam webcam, String filename)                void
m capture(Webcam webcam, File file, String format)       void
m capture(Webcam webcam, String filename, String for…    void
```

图 14-11   多个重构的 capture()方法

表 14-7   Webcam 类中捕获摄像头图片的方法

方法	说明
BufferedImage getImage()	将捕获的图片转换为 BufferedImage 并返回
byte[] getImageBytes()	将捕获的图片转换为字节数组

这里选择 Webcam 类的 getImage()方法来实现捕获摄像头图片，将图片转换为
BufferedImage。因为工具类 QRCodeUtil 已有一个 decode(String imgPath)方法，其参数为表
示图片文件路径的字符串，所以我们需要在工具类 QRCodeUtil 中增加一个参数为
BufferedImage 的识别二维码的 decode(BufferedImage image) 方法。该方法是对原来的
decode(String imgPath)方法的重载，因此原来的 decode(String imgPath)方法可以调用它。但
是，二维码识别模块最终希望图片是 BinaryBitmap 类型的图片数据，从图片文件名到
BinaryBitmap 类型的图片数据需要一个复杂的过程，从 BufferedImage 到 BinaryBitmap，则
省了几个步骤，因此执行效率更高。所以，我们在工具类 QRCodeUtil 中增加一个参数为
BufferedImage 的识别二维码的方法。

最终代码如下。

```
    package util;

import com.google.zxing.*;
import com.google.zxing.client.j2se.BufferedImageLuminanceSource;
import com.google.zxing.client.j2se.MatrixToImageWriter;
import com.google.zxing.common.BitMatrix;
import com.google.zxing.common.HybridBinarizer;

import javax.imageio.ImageIO;
import java.awt.image.BufferedImage;
import java.io.File;
```

```java
import java.util.Hashtable;

public class QRCodeUtil {
    // 解码
    public static String decode(BufferedImage image) throws NotFoundException {
        if (image == null) {
            System.out.println("Could not decode image");
            return null;
        }
        LuminanceSource source = new BufferedImageLuminanceSource(image);
        BinaryBitmap bitmap = new BinaryBitmap(new HybridBinarizer(
                source));

        Hashtable hints = new Hashtable();
        hints.put(DecodeHintType.CHARACTER_SET, "UTF-8");
        Result result = new MultiFormatReader().decode(bitmap, hints);
        return result.getText();
    }
    public static String decode(String imgPath) throws Exception {
        File file = new File(imgPath);
        BufferedImage image;
        image = ImageIO.read(file);
        return decode(image);
    }

    public static void encode(String content,String path,String format)
throws Exception {
        BitMatrix byteMatrix;
        byteMatrix = new MultiFormatWriter().encode(new String(content.
getBytes("UTF-8"),
                    "iso-8859-1"),
                BarcodeFormat.QR_CODE,                QRCodeConstants.QR_WIDTH,
QRCodeConstants.QR_HEIGHT);
        File file = new File(path);
        MatrixToImageWriter.writeToFile(byteMatrix, format, file);
    }
}
```

随堂测试

使用 Reader 类的 decode()方法解析二维码，需要图片数据格式是（　　　）。（多选）

    A．BinaryBitmap   B．byte[]

    C．BufferedImage   D．BitMatrix

参考答案：CD

动手练习

在工具类 QRCodeUtil 中增加一个参数为 BufferedImage 的识别二维码的 decode (BufferedImage image)方法。

14.6.3 定义一个线程不断捕获图片

和车牌识别不同的是，这里是实现扫一扫的效果，因为摄像头捕获的图片可能解析不出二维码，即调用解析的方法得不到结果，所以需要引入循环不断捕获，直到能解析出二维码为止。

不断捕获是一个耗时的操作，我们需要建立一个线程来完成这个工作。线程体代码如下。

```java
public void run() {
    //不断读取二维码图片
    do {
        try {
            Thread.sleep(100);
        } catch (InterruptedException e) {
            e.printStackTrace();
        }

        String result = null;
        BufferedImage image = null;
        if (webcam.isOpen()) {
            if ((image = webcam.getImage()) == null) {
                continue;
            }

            try {
                result= QRCodeUtil.decode(image);
            } catch (NotFoundException e) {
                //如果没有读到，则从头开始继续读
            }
        }
        //有了结果用弹窗显示
        if (result != null) {
            JOptionPane.showMessageDialog(null,result);
        }

    } while (true);
}
```

在有图形用户界面的系统中，应该将耗时的工作线程设置为后台线程，以免影响用户界面的响应速度。后台线程可以在后台完成工作，而不会影响用户界面的响应速度。在调用 start()方法启动线程前，调用线程的 setDaemon()方法并传递 True 参数，即可将该线程设置为后台线程。

最终代码如下。

```java
import com.github.sarxos.webcam.Webcam;
import com.github.sarxos.webcam.WebcamPanel;
import com.github.sarxos.webcam.WebcamResolution;
import com.google.zxing.NotFoundException;
import util.QRCodeUtil;

import javax.swing.*;

import java.awt.image.BufferedImage;

public class QRCodeCapture  implements Runnable
{
    private Webcam webcam;
    public QRCodeCapture() {
        JFrame window=new JFrame("扫码识别二维码");

        webcam=Webcam.getDefault();
        webcam.setViewSize(WebcamResolution.QVGA.getSize());
        WebcamPanel panel = new WebcamPanel(webcam);

        window.setDefaultCloseOperation(JFrame.EXIT_ON_CLOSE);
        window.add(panel);

        window.pack();
        window.setVisible(true);
        //启动线程开始扫码，并设置为后台线程
        Thread t=new Thread(this,"test");
        t.setDaemon(true);
        t.start();
    }

    public static void main(String[] args) {
        new QRCodeCapture();
    }

    @Override
    public void run() {
        //不断读取二维码图片
```

```
        do {
            try {
                Thread.sleep(100);
            } catch (InterruptedException e) {
                e.printStackTrace();
            }

            String result = null;
            BufferedImage image = null;

            if (webcam.isOpen()) {
                if ((image = webcam.getImage()) == null) {
                    continue;
                }
                try {
                    result= QRCodeUtil.decode(image);
                } catch (NotFoundException e) {
                    // fall thru, it means there is no QR code in image
                }
            }

            if (result != null) {
                JOptionPane.showMessageDialog(null,result);
            }

        } while (true);
    }
```

运行 QRCodeCapture 类，将打开摄像头，将"深圳信息职业技术学院"的二维码图片通过手机传入摄像头的镜头，如图 14-12 所示。将在弹窗中显示出识别的结果"深圳信息职业技术学院"，如图 14-13 所示。

图 14-12　将"深圳信息职业技术学院"的二维码图片　　图 14-13　　"深圳信息职业技术学院"
　　　　　通过手机传入摄像头的镜头　　　　　　　　　　　　　二维码图片被正确识别

随堂测试

在有图形用户界面的系统中，下列描述正确的是（　　　）。

A. 应该将耗时的工作线程设置为后台线程

B. 应该将耗时的工作线程设置为优先级最高的线程

C. 应该将主线程设置为后台线程

D. 应该将主线程设置为优先级最高的线程

参考答案：A

动手练习

在工具类 QRCodeUtil 中定义一个线程使用 webcam-capture API 实现扫码识别二维码。

反侵权盗版声明

电子工业出版社依法对本作品享有专有出版权。任何未经权利人书面许可，复制、销售或通过信息网络传播本作品的行为；歪曲、篡改、剽窃本作品的行为，均违反《中华人民共和国著作权法》，其行为人应承担相应的民事责任和行政责任，构成犯罪的，将被依法追究刑事责任。

为了维护市场秩序，保护权利人的合法权益，我社将依法查处和打击侵权盗版的单位和个人。欢迎社会各界人士积极举报侵权盗版行为，本社将奖励举报有功人员，并保证举报人的信息不被泄露。

举报电话：（010）88254396；（010）88258888

传　　真：（010）88254397

E-mail：　dbqq@phei.com.cn

通信地址：北京市海淀区万寿路 173 信箱
　　　　　电子工业出版社总编办公室

邮　　编：100036